满足你的好奇心：
基因多奇妙

徐晓鹏 / 主编

成都地图出版社
CHENGDU CARTOGRAPHIC PUBLISHING HOUSE

图书在版编目（ＣＩＰ）数据

基因多奇妙 / 徐晓鹏主编. —成都 : 成都地图出版
社,2014.1
（满足你的好奇心）
ISBN　978-7-80704-745-2

Ⅰ.①基… Ⅱ.①徐… Ⅲ.①基因 – 青年读物②基因
– 少年读物 Ⅳ.①Q343.1–49

中国版本图书馆 CIP 数据核字（2013）第 109308 号

满足你的好奇心 : 基因多奇妙

主　　编:徐晓鹏
责任编辑:张文龙
封面设计:王　骞

出版发行:成都地图出版社
地　　址:成都市龙泉驿区建设路 2 号
邮政编码:610100
电　　话:028-84884921,84884916(营销部)
传　　真:028-84884649,84884820

印　　刷:北京一鑫印务责任有限公司
（如发现印装质量问题,影响阅读,请与印刷厂商联系调换）

开　　本:700mm × 1000mm　1/16
印　　张:10　　　　　　字　　数:143 千字
版　　次:2014 年 1 月第 1 版　　印　　次:2020 年 11 月第 3 次印刷
书　　号:ISBN　978-7-80704-745-2

定　　价:21.80 元

目录　CONTENTS

MANZU NI DE HAOQIXIN:JIYIN DUO QIMIAO

第一章　我为什么是我?

一、龙生龙凤生凤

中国有一句古话:"龙生龙凤生凤,老鼠生儿会打洞",这句话不仅涉及到形态,还涉及到行为,非常形象地说明了遗传现象。

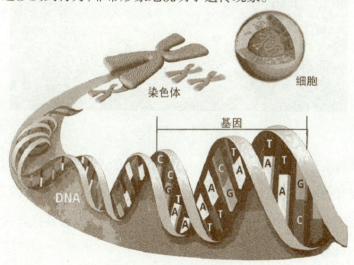

图1-1 细胞与遗传物质

生物亲代与子代之间，在形态、结构和生理功能上常常相似，这就是遗传现象。

遗传是指经由基因的传递，使后代获得亲代的特征。遗传学是研究此一现象的学科，目前已知地球上现存的生命主要是以 DNA 作为遗传物质。除了遗传之外，决定生物特征的因素还有环境，以及环境与遗传的交互作用。

图 1-2 DNA

身高的主要影响因素是遗传。有科学家研究结果表明：人的青春期生长发育高潮开始时间的遗传率为 0.75；生长发育高潮期持续时间的遗传率为 0.63；女子月经初潮时间的遗传率为 0.90。由此可见，在营养良好的情况下，孩子的生长发育主要受遗传的控制。

声音来自父母的遗传。通常男孩的声音大小、高低像父亲，女孩像母亲。

但是,这种由父母生理解剖结构的遗传所影响的音质,大多数都可以通过后天的发音训练而改变,所以一些声音条件并不优越的人也可以通过科学、刻苦的练习而拥有甜美的嗓音。

体形也能遗传。有资料表明父母均为瘦削型,则子女身体肥胖的概率为7%。若父母肥胖,其子女肥胖的概率比正常父母的孩子大10倍。

毛发也由遗传控制。毛发的颜色和疏、密、曲、直都受遗传基因控制。秃头与基因遗传的关系早已得到确认,男性的秃头,遗传性体质,加上双氢睾酮(一种雄性激素)作祟是最主要的原因。而且,如果母亲有严重的脱发问题,儿子也有很大可能会秃顶。

皮肤纹路的特点,特别是掌纹和指纹都同样受遗传因素的影响。

身体素质和运动能力也有明显的遗传性。科学家们研究发现,肌肉相对力量主要受遗传因素的影响,遗传力为0.643,肌肉的绝对力量则主要受环境的影响,遗传力为0.35,后天环境的影响则为0.65,一般耐力的遗传力为0.70～0.93,专项耐力遗传力为0.70～0.99,反应速度的遗传力为0.75,动作速度的遗传力为0.50,柔韧度的遗传力为0.70,环境因素占0.30。

"儿子像妈妈,女儿像爸爸",这句话在民间广为流传,也确有一定道理。相对来说,人的长相与遗传的关系要更为密切一些。从遗传学角度看,性染色体上同样存在某些特征性基因,性染色体X比性染色体Y大得多,故X染色体上所承载的基因比Y染色体上的要多得多。我们知道,男性的性染色体为XY,其中的X染色体来自妈妈,Y染色体来自爸爸,由于Y染色体所含的基因很少,所以儿子像妈妈;而女性的性染色体为XX,其中一条X染色体来自父亲,另一条来自母亲,来自母亲的X染色体往往被来自父亲的X染色

体所"掩盖",这就是"女儿像爸爸"的奥妙所在。

二、遗传因子在哪里?

遗传基因(Gene, Mendelian Factor),也称为遗传因子,是指携带有遗传信息的 DNA 或 RNA 序列,是控制性状的基本遗传单位。基因通过指导蛋白质的合成来表达自己所携带的遗传信息,从而控制生物个体的性状表现。

19 世纪中叶,孟德尔通过植物的杂交实验提出生物的每一个性状都是通过遗传因子(后称基因)来传递的。生物体的每种性状是由两个遗传因子决定的。一种是决定显性性状的形式,另一种是决定隐性性状的形式,当决定某一性状的两个因子完全一样时,这种遗传因子的组合方式就叫纯结合,就是纯种。如果决定某个性状的两个遗传因子不完全相同,而是相似,那

图 1-3 孟德尔

么,这种遗传因子的组合就叫杂结合或异质结合,也就是杂种。遗传因子在体细胞中成对存在,在减数分裂形成的配子中成单存在,配子结合(受精作

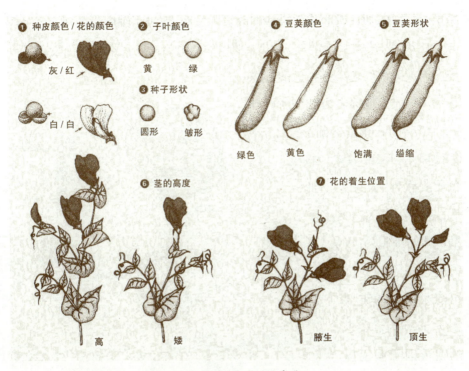

❶ 种皮颜色 / 花的颜色

灰 / 红

白 / 白

❷ 子叶颜色

黄　　　绿

❸ 种子形状

圆形　　皱形

❹ 豆荚颜色

绿色　　黄色

❺ 豆荚形状

饱满　　缢缩

❻ 茎的高度

高　　矮

❼ 花的着生位置

腋生　　顶生

图 1-4 孟德尔的豌豆实验

用)后,遗传因子又恢复到成对状态。

新的问题又来了,虽然人们已经通过实验证实了孟德尔遗传定律的正确性,但孟德尔学说中的遗传物质——"遗传因子"究竟在细胞中的什么地方呢?

19 世纪 70 年代后的 20 多

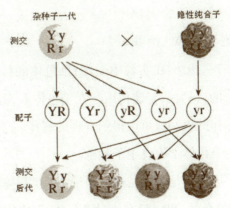

杂种子一代　　　　　　　　隐性纯合子

测交　Yy Rr　　×　　yy rr

配子　YR　Yr　yR　yr　yr

测交后代　Yy Rr　Yy rr　yy Rr　yy rr

图 1-5 孟德尔的遗传定律

年里,显微镜、切片机和化学染料的改进和发明,促进了细胞学的研究。

1879 年,德国生物学家 W·弗莱明(1843 - 1915)就在细胞核内发现了一种可以被碱性红色染料染色的"微粒状特殊物质",他称之为"染色质"。

10 年后,德国解剖学家瓦尔德耶尔(1836 ~ 1921)将染色质改称为"染色体"。此后,科学家们又发现了染色体与细胞分裂的关系,意识到染色体可能是遗传的重要物质,这就为孟德尔的遗传因子假说提供了可靠的证据。

1903 年,美国细胞学家 W·萨顿

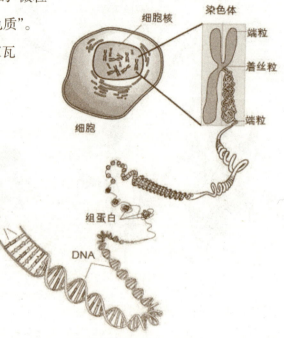

图 1-6 细胞与染色体

(1877 ~ 1916)在实验中发现:染色体的行为与孟德尔的遗传因子的行为是平行的,只要假定遗传因子在染色体上,孟德尔所提出的分离定律和自由组合定律的机制就可以得到合理的解释。这一推论被后来的研究所证实,为遗传的染色体学说奠定了基础。

染色体是否就是遗传因子呢? 生物体内的染色体数目很少,如豌豆只有 7 对染色体,果蝇只有 4 对染色体,但遗传特性却很多。萨顿猜想:每条染色体上一定是带有多个遗传因子。1906 年,英国生物学家贝特森（1861～1962)发现豌豆的某些遗传特征总是与另一些特征一起遗传的。这说明萨顿的猜想是有道理的。

1909 年,丹麦植物学家和遗传学家约翰森(1857～1927)提议用"基因"一词来代替"遗传因子",得到了生物学家们的广泛赞同。

基因是否真的存在于染色体之中？萨顿和贝特森只是作出了肯定的猜想。首先以实验结果证实这一猜想的是美国生物学家摩尔根(1866～1945)。

起初,摩尔根对孟德尔遗传因子学说持怀疑态度,因为这一学说缺少实验证明。摩尔根对依靠类比、假设、推断得出的结论不感兴趣,他更相信实验的结果,不管实验的结果是证实或否定自己的观点。

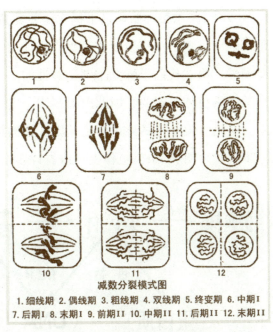

减数分裂模式图
1. 细线期 2. 偶线期 3. 粗线期 4. 双线期 5. 终变期 6. 中期 I
7. 后期 I 8. 末期 I 9. 前期 II 10. 中期 II 11. 后期 II 12. 末期 II

图 1-7 染色体与减数分裂

图 1-8 摩尔根

1909 年，摩尔根开始通过果蝇实验研究遗传现象。第二年，他在一群红眼果蝇中发现了一只白眼雄果蝇。当他用这只白眼雄果蝇同红眼雌果蝇交配后，第二代白果蝇竟全都是雄性的。当时其他科学家已经证明了性别是由染色体决定的，因此白眼基因一定是与雄性基因同在一条染色体上。这是人类获得的染色体是基因载体的第一个实验证据。摩尔根的进一步实验表明，一条染色体上可以有许多个基因。

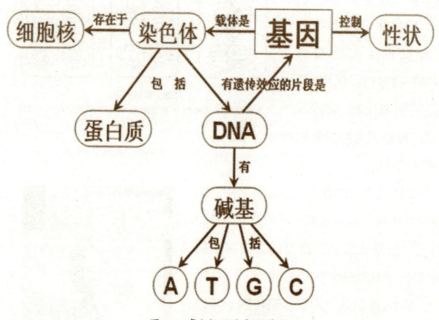

图 1-9 摩尔根的染色体学说

在事实面前，摩尔根不仅勇敢地承认了自己的错误，并且发展了孟德尔的理论，创立了遗传的染色体学说。

由于在遗传学研究中的突出贡献，摩尔根荣获了 1933 年诺贝尔生理学或医学奖。他是因遗传学研究成果荣获诺贝尔生理学或医学奖的第一人。

（一）寿命也能遗传吗？

所谓寿命，是指从出生开始，经过发育、成长、成熟、老化以至死亡前机体生存的时间，通常以年龄作为衡量寿命长短的尺度。由于人与人之间的寿命有一定的差别，所以，在比较某个时期、某个地区或某个社会的人类寿命时，通常采用平均寿命。平均寿命常用来反映一个国家或一个社会的医学发展水平，它也可以表明社会的经济、文化的发达状况。

人类学家鲍戈莫洛兹曾转述过一个故事：一位过路人看到一位80岁左右的老人在门口哭泣，觉得很奇怪，就问他为什么要哭。老人说他挨了父亲的打。过路人于是去看这位老人的父亲，这是一位113岁的强健老人，老人说儿子不尊敬祖父，路过祖父面前没有鞠躬，所以发怒。过路人更为惊异，又要求去见见祖父，祖父整整143岁了。这可真是一个"长寿之家"。这样的家庭还可以举例不少。显然，长寿有家族集聚的倾向性。

然而，也有短寿家族。《陔余丛考》中记载："昔谢庄自谓家世无高年。高祖四十，曾祖三十二，祖四十七。庄亦四十六而死。"

遗传学家认为，寿命是有遗传基础的。最有说服力的是对双生子（同卵双生）的调查。有人统计60~75岁死去的双胞胎，男性双胞胎死亡的时间平

均相差 4 年;女性双胞胎死亡时间相差仅 2 年。而普通同胞因年老而死亡者平均相差 9 年之多。有一例有趣报道:一对同卵双胞胎姐妹,一个嫁与大农场主为妻,生有众多孩子;另一个当裁缝勉强糊口,孑然一身。可是,姐妹俩相继在 26 天内同死于脑溢血。

当然,寿命受环境因素的影响也很大,特别是人类的经济文化生活和社会政治生活。寿命是人口质量的主要方面,延年益寿是人们的共同愿望。按照科学家的推算,人的寿命应该在 150 岁以上,事实上现在人类的平均寿命确实在不断延长。我国人口的平均寿命也正在逐渐跻入世界的长寿队伍之中。

(二)家族遗传因素对孩子学习的影响

美国学者史来福(Sliver)在 556 位具有神经生理异常的学习障碍儿童中,发现有家族遗传因素。这种家族遗传因素被认为是由一个或一组基因的遗传而引起的。后来有人对 125 个阅读障碍儿童及其父母兄弟姐妹与正常对照组家庭成员进行了比较研究,结果发现:阅读障碍者的家人在认知测验中,有许多测验项目的成绩如空间推理、符号处理等都不及正常家庭的成员,由此推论:学习障碍有遗传倾向。有经验的老师通常反映:有其父必有其子——当年父亲学习成绩一塌糊涂,就别太期望儿子很优秀。这话听起来还真有点“龙生龙凤生凤”的味道,物种遗传是这样,难道学习也会遗传?

许多事实也确实证实了家族遗传性学业不良的正确性:孩子的上辈或隔辈就有学业不良的现象,或者其表兄妹中有与其相类似的情形。

人类的遗传是通过父母亲的精卵子的结合而实现的,小小的精卵子又分别各由 23 个染色体组成，每个染色体又由成千上万个基因所组成，这些基因都是人类在繁衍过程中不断地适应环境的变化而进化了的，使我们具有人类的生理特征。许多观察实验研究表明，动物界遗传的不仅仅是种系的生物特征，有许多心理特质也是通过遗传来实现的，如认知结构、认知方式、行为模式等。尽管人类的心理发展是后天在环境的作用下发生发展的，但其发生发展是离不开其生理基础——大脑组织结构的。就好像每个孩子出生时的相貌与父母相似一样，孩子出生时的大脑结构与父母的大脑结构在解剖学上也是基本一致的，只不过相貌在环境的作用下变化不是很大，而大脑则具有很强的可塑性。

　　临床观察和对灵长类动物进行的实验研究表明，大脑皮层是个体后天在环境的作用下发展起来导致个体间差异的主要因素。人脑的解剖表层好似去壳的核桃，沟回纵横，大脑的生长发展被头骨限定在有限的空间范围里，所以大脑表层必须在有限的空间中极力占取无限的面积，因此越是聪明的大脑越显得"沟壑纵横"，沟回的深度越大，成人大脑表面结构就比儿童明显要复杂得多。而解剖弱智人士的大脑沟回更加简单，几乎是"一马平川"。有研究表明，决定孩子学习成绩方面的大脑皮层有两个主要区域：一是颞顶枕联络区皮层。指颞叶、顶叶与枕叶皮层相毗邻的部位，躯体感觉、听觉、视觉的高级整合发生于这一联络区皮层，是人们复杂的认知过程的生理基础，识别或认知现实外部刺激物的学习活动、短时记忆活动、与海马体及杏仁核联系是这一联络区皮层的基本功能。另一区域是前额叶皮层：是指初级运动皮层和次级运动皮层以外的全部额叶皮层，与丘脑、尾状核、苍白球、杏仁核和海马体之间有着复杂的直接神经联系，再通过这些结构

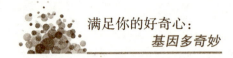

与下丘脑、中脑之间实现着间接的神经联系，这些神经联系是前额叶皮层具有多种生理心理功能的重要基础。新的研究认为，该皮层与时间、空间关系的复杂综合学习有关，同时还参与运动反应及与之相关的学习行为的调节。

除了大脑皮层外，与个体学习成绩相关的主要结构还包括边缘系统等。边缘系统是大脑半球内侧面深处的一些结构，它们组成一个闭合的环圈，形成一个具有统一功能的系统，即将各个部分的信息统一整合起来，相当于分类包装然后各适其所，这些结构主要包括扣带回、海马回、杏仁核群、下丘脑、海马体、乳头体等，边缘系统不仅参与记忆活动，同时还与情绪性学习有关。大脑半球是由神经纤维束胼胝体连接起来的，分别控制着身体的对侧部位，其生理上是不对称的，这就导致了大脑两半球功能的不对称性——分化性，左右半球各有优势，分管着不同的工作，而且互相补充或互相补偿，从而完成复杂的学习活动。

除了上述解剖结构有可能遗传之外，大脑的电生理学方面也有可能遗传，这点从亲子脑电图的相似性和大脑平均诱发电位的相似性方面得到证实；从亲子神经递质的相关性和大脑血流量的相关性等生化机制方面也证明了遗传对个体学习的影响。所以根据跟踪研究，常见许多学习障碍呈现家族性倾向，如典型的家族性阅读障碍、家族性算术障碍等。

当然有遗传就有变异，个体在胎儿期由于母体的药物、激素、饮食、传染病、病毒感染、母体焦虑压力等因素的影响，导致脑体素、神经系统通路组织异常发展、神经细胞的错位发展等，个体在成长过程中环境的变化影响、营养与健康因素、学习压力、人际交往等对个体的异向发展也会有一定的影响。

如果家长意识到自己当年读书时在哪方面存在问题的话，就应该有意识地在那方面相应加强对孩子的辅导与训练，通过强化教育训练措施及时补偿先天不足，如对家族性阅读障碍儿童早期加强视知觉方面的训练和眼手协调训练，对内向性格家族儿童及早加强听知觉方面的训练等都会收到意想不到的效果！

与脑损伤青少年儿童一样，那些父母遗传因素导致的学业不良青少年同样也是很难赶上普通儿童的，也就是说，如果他父母中有人小时候念书时就学业不良，那么孩子的学业不良是从他(她)那儿遗传而来的，作为家长应该懂得：不要怪孩子不争气，家长只遗传给了他那么多的学习基因！遗传的因素后天是很难改变的。所以父母遗传因素导致的学业不良学生的家长和老师也必须和脑损伤青少年的家长和老师一样，及时调整心态，不要再强人所短、为人所难，只要孩子尽了力就行了！

第二章　谁在传递生命？

一、追踪基因的多变"行迹"

生物体的各种组织及器官都是由细胞组成的，基因存在于细胞中。而细胞中又含有细胞核、细胞质及各种细胞器，那基因的具体位置到底在哪里呢？

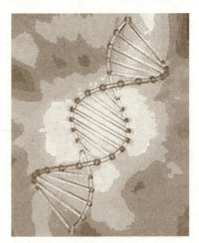

图2-1 基因

经大量的研究确定，基因主要存在于细胞核内的染色体上，染色体是生物体的遗传物质，主要由蛋白质和脱氧核糖核酸（DNA）组成，而基因就是具有遗传效应的 DNA 片段。

基因大多并不相连，而是像珠链上的珍珠那样有距离的线性排列在 DNA 上。DNA 也并不是散乱的分布在细

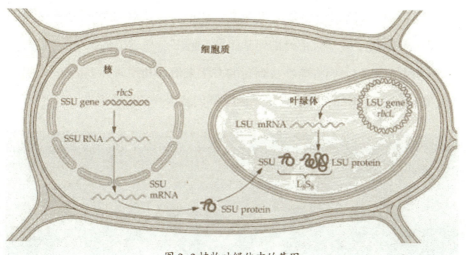

图 2-2 植物叶绿体中的基因

胞核的各个角落,而是经过有规律的缠绕和紧密包装,形成一种称为染色体的物质。染色体已经大到可以用显微镜观察,呈丝状或棒状,由核酸和蛋白质组成, 在细胞发生有丝分裂时期容易被碱性染料着色, 因此而得名。

此外, 在许多细胞器中也存在着基因, 如叶绿体基因组和线粒体基因组等。

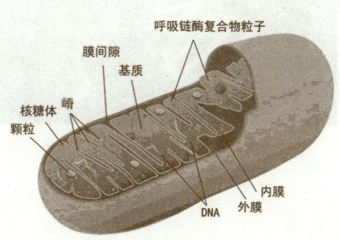

图 2-3 线粒体里的基因

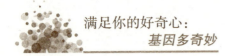

　　人体基因组图谱好比是一张能说明构成每个人体细胞脱氧核糖核酸（DNA）的 30 亿个碱基对精确排列基因的"地图"。科学家们认为，通过对每一个基因的测定，人们将能够找到新的方法来治疗和预防许多疾病，如癌症和心脏病等。下图非常形象地把基因家族的基因片段描绘出来。

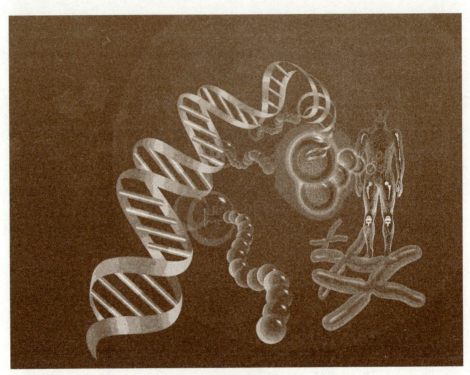

图 2-4 人类基因

二、揭开基因的神秘"面纱"

基因(遗传因子)是遗传的物质基础,是DNA(脱氧核糖核酸)分子上具有遗传信息的特定核苷酸序列的总称,是具有遗传效应的DNA分子片段。基因通过复制把遗传信息传递给下一代,使后代出现与亲代相似的性状。人类大约有几万个基因,储存着生命孕育、生长、凋亡过程的全部信息,通过复制、表达、修复,完成生命繁衍、细胞分裂和蛋白质合成等重要生理过程。基因是生命的密码,记录和传递着遗传信息。生物体的生、长、病、老、死等一切生命现象都与基因有关。

人们对基因的认识是不断发展的。19世纪60年代,遗传学家孟德尔就提出了生物的性状是由遗传因子控制的观点,但这仅仅是一种逻辑推理的产物。20世纪初期,遗传学家摩尔根通过果蝇的遗传实验,认识到基因存在于染色体上,

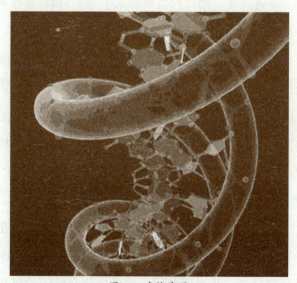

图 2-5 遗传基因

并且在染色体上是呈线性排列,从而得出了染色体是基因载体的结论。

20世纪50年代以后,随着分子遗传学的发展,尤其是沃森和克里克提出双螺旋结构以后,人们才真正认识了基因的本质,即基因是具有遗传效应的DNA片断。研究结果还表明,每条染色体只含有1～2个DNA分子,每个DNA分子上有多个基因,每个基因含有成百上千个脱氧核苷酸。由于不同基因的脱氧核苷酸的排列顺序(碱基序列)不同,因此,不同的基因就含有不同的遗传信息。1994年中科院曾邦哲提出系统遗传学概念与原理,探讨"猫之为猫,虎之为虎"的基因逻辑与基因语言,提出基因之间相互关系与基因组逻辑结构及其程序化表达的发生研究。

基因有两个特点:一是能忠实地复制自己,以保持生物的基本特征;二是基因能够"突变",突变绝大多数会导致疾病,只有极少的部分是非致病突变。非致病突变给自然选择带来了原始材料,使生物可以在自然选择中被选择出最适合自然的个体。

含特定遗传信息的核苷酸序列,是遗传物质的最小功能单位。除某些病毒的基因由核糖核酸（RNA）构成以外,多数生物的基因由脱氧核糖核酸（DNA)构成,并在染色体上作线状排列。基因一词通常指染色体基因。在真核生物中,由于染色体都在细胞核内,所以又称为核基因。位于线粒体和叶绿体等细胞器中的基因则称为染色体外基因、核外基因或细胞质基因,也可以分别称为线粒体基因、质粒和叶绿体基因。

基因最初是一个抽象的符号,后来证实它是在染色体上占有一定位置的遗传的功能单位。大肠杆菌乳糖操纵子中的基因的分离和离体条件下转录的实现进一步说明基因是实体。现在已经可以在试管中对基因进行改造甚至人工合成基因。对基因的结构、功能、重组、突变以及基因表达的调控和相互作用的研究始终是遗传学研究的中心课题。

三、相貌与遗传

相貌的遗传——具体问题具体分析。

肤色：总遵循"相加后再平均"的自然法则，让人别无选择。若父母皮肤较黑，绝不会有白嫩肌肤的子女；若一方白一方黑，大部分会给子女一个"中性"肤色，也有更偏向一方的情况。

图 2-6 相貌由谁遗传？

眼形：孩子的眼形、大小遗传自父母，大眼睛相对小眼睛是显性遗传。父母有一人是大眼睛，生大眼睛孩子的概率就会大一些。

双眼皮：双眼皮是显性遗传，单眼皮与双眼皮的人生宝宝极有可能是双眼皮。但父母都是单眼皮，一般孩子也是单眼皮。

眼球颜色：黑色等深色相对于浅色而言是显性遗传。也就是说，黑眼球和蓝眼球的人，所生的孩子不会是蓝眼球。

睫毛：长睫毛也是显性遗传的。父母只要一人有长睫毛，孩子遗传长睫毛的可能性就非常大。

鼻子：一般来讲，鼻子大、高而鼻孔宽呈显性遗传。父母中一人是挺直的鼻梁，遗传给孩子的可能性就很大。鼻子的遗传基因会一直持续到成年，小

时候矮鼻子，成年还可能变成高鼻子。

耳朵：耳朵的形状是遗传的，大耳朵相对于小耳朵是显性遗传。父母双方只要一个人是大耳朵，那么孩子就极有可能也是一对大耳朵。

下颚：是不容"商量"的显性遗传。父母任何一方有突出的大下巴，子女常毫无例外地长着酷似的下巴，"像"得有些离奇。

肥胖：父母双方肥胖会使子女们有 53% 的机会成为大胖子，如果父母有一方肥胖，孩子肥胖的概率便下降到 40%。这说明，胖与不胖，大约有一半可以由人为因素决定，因此，父母完全可以通过合理饮食、充分运动使自己体态匀称。

秃头：造物主似乎偏袒女性，秃头人群中，男性占 80%，女性占 20%，如果父亲是秃头，遗传给儿子概率则有 50%，就连母亲的父亲，也会将自己秃头的 25% 的概率留给外孙们。这种"传男不传女"的性别遗传倾向，让男士们无可奈何。

青春痘：这个让少男少女耿耿于怀的容颜症，居然也与遗传有关。因为父母双方若患过青春痘，子女们的患病率将比无家庭史者高出 20 倍。

腿型：酷似父母的那双脂肪堆积的腿，完全可以通过充分的锻炼而塑造为修长健壮的腿。倒是那双腿若因遗传而显得过长或太短时，就无法再塑，只有听任自然了。

趣味链接：**性格与遗传，智力与遗传**

(一)性格与遗传

当你看到这个问题的时候，绝大多数人会说是由父母亲决定的，这没有错，但是相同的父母会生出不同性格的孩子，这说明父母决定的同时，还有另一个因素影响孩子的性格。

父母亲的性格决定孩子的性格，这是有生物科学依据的。受精卵在成长过程中，一定要吸收环境的能量，才能长大，吸收

图 2-7 性格与遗传

什么样的能量分布，与遗传因素共同决定孩子今天的性格。环境的能量是带有一定信息的内容，这个信息内容一定会影响孩子的性格。

由于性格是信息的体现，信息是物质粒子的不同组合，从光子是物质基本粒子来看，光子组合是光子信息，物质质量大带有的信息多，父母双方中母亲的卵子质量比较大，同时受精卵在母亲体内成长 10 个月，说明母亲对孩子性格的影响相对父亲要大。

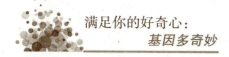

孩子在出生以前受母亲体内环境影响要大，出生以后，外界环境对孩子的影响要大，因为孩子出生以后要吃要喝，要不断从环境中吸收环境的所有频率的光子信息能量，环境中的光子能量分布对孩子的信息能量分布有一定的影响，所以孩子出生在不同的年份，环境的光子信息不同，孩子的性格会在原来的基础上有大的变化。特别是第一年，孩子的质量可增加一倍左右，对孩子的性格影响是巨大的，孩子长到 7 岁，大脑发育完成成人的 70% 以上，性格已经定型。"从小看大，三岁看老"的说法，是有一定道理的。这一篇文章也是支持这种说法，孩子的属相会不同程度影响孩子的性格。出生在不同的月份也会构成一定的影响。

综合分析，孩子的性格由父母决定的同时，一年环境信息影响孩子的性格。主要原因是细胞吸收环境能量才能长大，环境能量带有信息，影响性格。

但是也有人说，性格是父亲的遗传大。性格的形成固然有先天的成分，但主要是后天影响。比较而言，爸爸的影响力会大过妈妈。其中，父爱的作用对女儿的影响更大。一位心理学家认为："父亲在女

图 2-8 智力与遗传

儿的自尊感，身份感以及温柔个性的形成过程中，扮演着重要的角色。"另有一位专家提出，父亲能传授给女儿生活上的许多重要的教训和经验，使

女儿的性格更加丰富多彩。

(二)智力与遗传

智力有一定的遗传性,同时受到环境、营养、教育等后天因素的影响。据科学家评估,遗传对智力的影响约占 50%~60%。就遗传而言,妈妈聪明,生下的孩子大多聪明,如果是个男孩子,就会更聪明。这其中的原因在于,人类与智力有关的基因主要集中在 X 染色体上。女性有 2 个 X 染色体,男性只有 1 个,所以妈妈的智力在遗传中就占有了更重要的位置。

男生的性染色体是 XY 型,所以男生的智商受母亲的影响较大。

因为女生的智商是父亲母亲都有影响,所以会有中和的效应。所以女生智商的分布会呈现自然分布(Normal distribution),就是倒钟状,中间最多,两边较少。

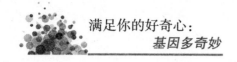

第三章　解读生命"天书"

一、从基因到性状

　　任何生物都有许许多多性状，有的是形态结构特征（如豌豆种子的颜色，形状），有的是生理特征（如人的 ABO 血型，植物的抗病性，耐寒性），有的是行为方式（如狗的攻击性，服从性）等等。在孟德尔以后的遗传学中把作为表型的显示的各种遗传性质称为性状。在诸多性状中只着眼于一个性状，即单位性状进行遗传学分析已成一种遗传学研究中的常规手段。

　　一个人所表现出来的性状，是由基因通过转录和翻译等过程，控制蛋白质的合成所表现出来的。但是性状的表现是基因和外界环境共同作用的结果，以基因为主，外界环境为辅。

　　生物体的各种性状是由基因控制的。性状的遗传实质上是亲代通过生殖过程把基因传递给了子代。在有性生殖过程中，精子和卵细胞就是基因在亲子间传递的"桥梁"。

　　在生物的体细胞（除生殖细胞外的细胞）中，染色体是成对存在的。如人的体细胞中染色体为 23 对。基因也是成对存在的,分别位于成对的染色体上,如人的体细胞中 23 对染色体就包含 46 个 DNA 分子,含有数万对基因,决定着人体可以遗传的性状。

很早以前,人类就认识到遗传和变异现象,但却得不到合理的解释。直到 1865 年,奥地利的一个修道院的神父孟德尔的一个偶然的发现,并通过豌豆杂交实验,发现了遗传规律,性状遗传的现象才逐渐得到科学解释。

生物的性状一般是由 DNA 上的基因控制的。染色体在生物体细胞内是成对存在的,因此,基因也是成对存在的。相对性状分为隐性性状和显性性状。

有没有人对你说过,"你的睫毛长长的,像你妈妈"或"你笑起来像你爸爸"? 你和你的父母相像,是天经地义的,因为你遗传了他们的基因,你的基因一半来自父亲,一半来自母亲,这些基因在你的细胞里组合在一起,最后塑造了你。你生命的所有的特征,或称为性状,都是由这些基因控制的,它构成了我们生命的"小小说明书"。

那为什么你的睫毛就得像妈妈一样是长长的, 而不能像爸爸一样是短短的呢? 这就是遗传学家研究的问题。研究性状是如何遗传的遗传学是一门非常复杂的科学。很多性状都是由多个基因对共同作用的,比如我们眼睛的颜色,科学家对这种共同作用的方式目前还不太了解。但是,有些性状,比如长睫毛,是由单一的基因对控制的,这类性状的遗传相对简单些。

遗传学家发现了两种控制性状遗传的基因,一种叫显性基因,一种叫隐性基因。显性基因的力量比隐性基因要强,甚至能让隐性基因失去作用。显性基因和隐性基因在你身上是怎样起作用的呢? 如果你从父母身上遗传了两个长睫毛的显性基因,你的睫毛就是长长的;如果你遗传了一个显性基因和一个隐性基因,你的睫毛仍然是长长的,因为显性基因让隐性基因失去了作用;如果两个基因都是隐性的,那你的睫毛就是短短的。

右面这些性状都是由单独的一个基因对控制,如果你有这些性状,说明你身上有一个或两个显性基因,而且你会发现在你的家庭里还有其他人也具有和你一样的性状。

卷舌——此图中的孩子可以把舌头卷起来,因为她遗传了控制卷舌的一个或两个显性基因,如果你不能像她一样把舌头卷起来,说明你没有这个显性基因。

长睫毛——你睫毛的长度也是由一对基因控制。

V形发际线——额头呈V字形的发际线也是由一对基因控制。如果你的额头有V形发际线,找一找你家里的其他人是不是也有V形发际线。

大拇指的弯曲——如果你能把大拇指的上面一节向后弯曲,那么你的身上有两个控制这个性状的隐性基因。

图 3-1
卷舌与非卷舌

图 3-2
长睫毛与短睫毛

图 3-3
V形发际线

图 3-4
大拇指的弯曲

酒窝——控制长酒窝的基因是显性的,而控制不长酒窝的基因是隐性基因。

你可以在班里做个调查,统计一下有多少同

图3-5 酒窝

学脸颊上有酒窝,他们的爸爸妈妈又有多少是有酒窝的。根据这些数据,你就可以像遗传学家一样来分析酒窝这个性状的遗传现象。

二、DNA 的复制、转录与翻译

DNA 就是脱氧核糖核酸(Deoxyribonucleic Acid),又称去氧核糖核酸,是一种大分子物质,可组成遗传指令,以引导生物发育与生命机能运作。它的主要功能是长期性的资讯储存,可比喻为"蓝图"或"食谱"。其中包含的指令是建构细胞内其他的化合物。如蛋白质与 RNA 所必需的。带有遗传信息的 DNA 片段称为基因,其他的 DNA 序列,有些直接以自身构造发挥作用,有些则参与调控遗传信息的表现。

DNA 是一种长链聚合物,组成单位称为脱氧核苷酸(即 A-腺嘌呤 G-鸟嘌呤 C-胞嘧啶 T-胸腺嘧啶),而糖类与磷酸分子借由酯键相连,组成其长链骨架。每个糖分子都与四种碱基里的其中一种相接,这些碱基沿着 DNA 长链所排列而成的序列,可组成遗传密码,是蛋白质氨基酸序列合成

的依据。读取密码的过程称为转录,是以 DNA 双链中的一条为模板复制出一段称为 RNA 的核酸分子。多数 RNA 带有合成蛋白质的信息,另有一些本身就拥有特殊功能,例如 rRNA、snRNA 与 siRNA。

在细胞内,DNA 能形成染色体结构,整组染色体则统称为基因组。染色体在细胞分裂之前会先行复制,此过程称为 DNA 复制。对真核生物,如动物、植物及真菌,染色体是存放于细胞核内;对于原核生物而言,如细菌,则是存放在细胞质中的类核里。染色体上的染色质蛋白,如组织蛋白,能够将 DNA 组织并压缩,以帮助 DNA 与其他蛋白质进行交互作用,进而调节基因的转录。

DNA 复制是指 DNA 双链在细胞分裂以前的分裂间期进行的复制过程,复制的结果是一条双链变成两条一样的双链(如果复制过程正常的话),每条双链都与原来的双链一样。这个过程通过边解旋边复制和半保留复制机制得

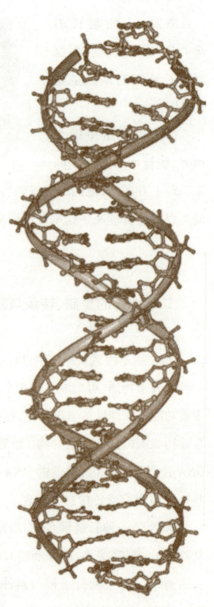

图 3-6 DNA 的双螺旋结构

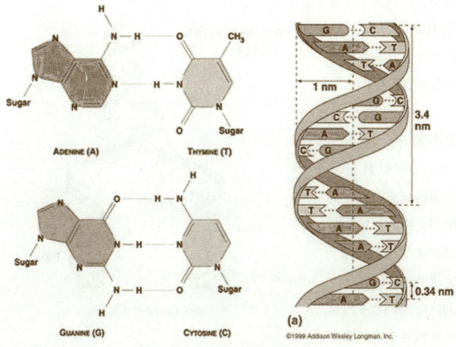

图 3-7 DNA 的分子结构

以顺利完成。

  DNA 的复制是一个边解旋边复制的过程。复制开始时,DNA 分子首先利用细胞提供的能量,在解旋酶的作用下,把两条螺旋的双链解开,这个过程叫解旋。然后,以解开的每一段母链为模板,以周围环境中的 4 种脱氧核苷酸为原料,按照碱基互补配对原则,在 DNA 聚合酶的作用下,各自合成与母链互补的一段子链。随着解旋过程的进行,新合成的子链也不断地延伸,同时,每条子链与其母链盘绕成双螺旋结构,从而各形成一个新的DNA 分子。这样,复制结束后,一个 DNA 分子,通过细胞分裂分配到两个子细

胞中去(注:复制时遵循碱基互补配对原则，复制发生在细胞分裂的间期)。

DNA 是遗传信息的载体，故亲代 DNA 必须以自身分子为模板准确的复制成两个拷贝，并分配到两个子细胞中去，完成其遗传信息载体的使命。而 DNA 的双链结构对于维持这类

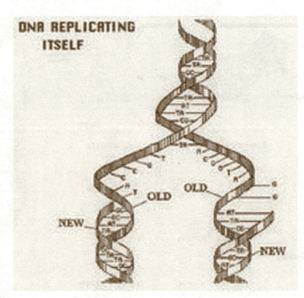

图 3-8 DNA 的半保留复制

遗传物质的稳定性和复制的准确性都是极为重要的。

(一)DNA 的半保留复制

沃森(Waston)和克里克(Click)在提出 DNA 双螺旋结构模型时曾就 DNA 复制过程进行过研究，他们推测，DNA 在复制过程中碱基间的氢键首先断裂，双螺旋解旋分开，每条链分别作模板合成新链，每个子代 DNA 的一条链来自亲代，另一条则是新合成的，故称之为半保留式复制(Semiconservative Replication)。

1958 年梅尔森(Meselson)和斯塔尔(Stahl)进行实验证明了 DNA 分子是以半保留方式进行自我复制的。

（二）DNA 复制的起始，方向和速度

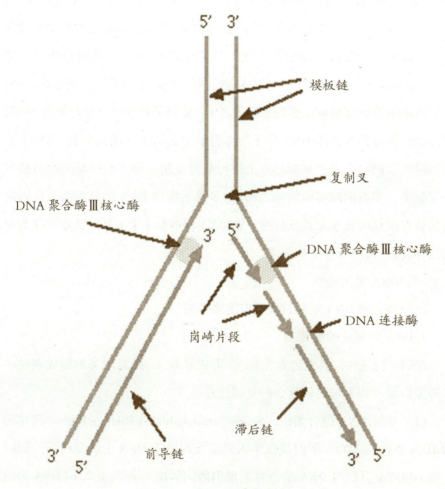

图 3-9　DNA 复制的起始

　　DNA 在复制时，双链 DNA 解旋成两股分别进行。其复制过程的复制起点呈现叉子的形式，故称复制叉。以复制叉向前移动的方向为标准，一条模

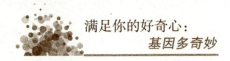

板链为 3′ → 5′ 走向,在其上 DNA 能以 5′ → 3′ 方向连续合成,称为前导链(Leading Strand);另一条模板链为 5′ → 3′ 走向,在其上 DNA 也是 5′ → 3′ 方向合成,但与复制叉移动的方向正好相反,故随着复制叉的移动形成许多不连续的冈崎片段,最后再连成一条完整的 DNA 链,该链称为滞后链(Lagging Strand)。实验证明 DNA 的复制是由一个固定的起始点开始的。一般把生物体的单个复制单位称为复制子。一个复制子只含一个复制起点。一般说,细菌、病毒即线粒体 DNA 分子均作为单个复制子完成其复制,真核生物基因组可以同时在多个复制起点上进行双向复制,即它们的基因组包括多个复制子。多方面的实验结果表明,大多数生物内 DNA 的复制都是从固定的起始点以双向等速方式进行的。复制叉以 DNA 分子上某一特定顺序为起始点,向两个方向等速生长前进。

(三)DNA 复制过程

以原核生物 DNA 复制过程予以简要说明。

1. DNA 双螺旋的解旋

DNA 在复制时,其双链首先解开,形成复制叉,而复制叉的形成则是由多种蛋白质及酶参与的较复杂的复制过程。

(1) 单链 DNA 结合蛋白（Single—stranded DNA Binding Protein 简称为 ssbDNA 蛋白)ssbDNA 蛋白是较牢固的结合在单链 DNA 上的蛋白质。原核生物 ssbDNA 蛋白与 DNA 结合时表现出协同效应：若第 1 个 ssbDNA 蛋白结合到 DNA 上去能力为 1,第 2 个的结合能力可高达 103;真核生物细胞中的 ssbDNA 蛋白与单链 DNA 结合时则不表现上述效应。ssbDNA 蛋白的作用是保证解旋酶解开的单链在复制完成前能保持单链结构, 它以四聚体的形式存在于复制叉处,待单链复制后才脱下来,重新循环。所以,ssbDNA 蛋白只保持单链的存在,不起解旋作用。

（2）DNA 解链酶(DNA Hhelicase)DNA 解链酶能通过水解 ATP 获得能量以解开双链 DNA。这种解链酶分解 ATP 的活性依赖于单链 DNA 的存在。如果双链 DNA 中有单链末端或切口，则 DNA 解链酶可以首先结合在这一部分,然后逐步向双链方向移动。复制时,大部分 DNA 解旋酶可沿滞后模板的 $5' \rightarrow 3'$ 方向并随着复制叉的前进而移动,只有个别解旋酶(Rep 蛋白)是沿着 $3' \rightarrow 5'$ 方向移动的。故推测 Rep 蛋白和特定 DNA 解链酶是分别在 DNA 的两条母链上协同作用以解开双链 DNA。

（3）DNA 解链过程:DNA 在复制前不仅是双螺旋而且处于超螺旋状态，而超螺旋状态的存在是解链前的必须结构状态，参与解链的除解链酶外还有一些特定蛋白质,如大肠杆菌中的 DNA 蛋白等。一旦 DNA 局部双链解开,就必须有 ssbDNA 蛋白以稳定解开的单链,保证此局部不会恢复成双链。两条单链 DNA 复制的引发过程有所差异,但是不论是前导链还是滞后链,都需要一段 RNA 引物用于开始子链 DNA 的合成。因此前导链与滞后链的差别在于前者从复制起始点开始按 $5' \rightarrow 3'$ 持续的合成下去,不形成冈崎片段,后者则随着复制叉的出现,不断合成长约 2~3kb 的冈崎片段。

2. 冈崎片段与半不连续复制

因 DNA 的两条链是反向平行的,故在复制叉附近解开的 DNA 链,一条是 $5' \rightarrow 3'$ 方向,另一条是 $3' \rightarrow 5'$ 方向,两个模板极性不同。所有已知 DNA 聚合酶合成方向均是 $5' \rightarrow 3'$ 方向，不是 $3' \rightarrow 5'$ 方向，因而无法解释 DNA 的两条链同时进行复制的问题。为解释 DNA 两条链各自模板合成子链等速复制现象，日本学者冈崎（Okazaki）等人提出了 DNA 的半连续复制（Semidiscontinuous Replication）模型。1968 年冈崎用氚脱氧胸苷短时间标记大肠杆菌，提取 DNA，变性后用超离心方法得到了许多氚标记的，被后人称作冈崎片段的 DNA。延长标记时间后，冈崎片段可转变为成熟 DNA 链，因此这些片段必然是复制过程中的中间产物。另一个实验也表明 DNA 复制过程中首先合成较小的片段，即用 DNA 连接酶温度敏感突变株进行试验，在连接酶不起作用的温度下，便有大量小 DNA 片段积累，表明 DNA 复制过程中至少有一条链首先合成较短的片段，然后再由连接酶合成大分子 DNA。一般说，原核生物的冈崎片段比真核生物的长。深入研究还发现，前导链的连续复制和滞后链的不连续复制在生物界具有普遍性。

3. 复制的开始和终止

所有的 DNA 的复制都是从一个固定的起始点开始的，而 DNA 聚合酶只能延长已存在的 DNA 链，不能从头合成 DNA 链，新 DNA 的复制是如何形成的？经大量实验研究表明，DNA 复制时，往往先由 RNA 聚合酶在DNA 模板上合成一段 RNA 引物，再由聚合酶从 RNA 引物 3′ 端开始合成新的 DNA 链。对于前导链来说，这一引发过程比较简单，只要有一段 RNA 引物，DNA 聚合酶就能以此为起点，一直合成下去。滞后链的引发过程较为复杂，需要多种蛋白质和酶参与。滞后链的引发过程由引发体来完成。引发体由 6 种蛋白质构成，预引体或引体前体把这 6 种蛋白质结合在一起并和引发酶或引物过程酶进一步组装形成引发体。引发体像火车头一样在滞后链分叉的方向前进，并在模板上断断续续地引发生成滞后链的引物 RNA 短链，再由 DNA 聚合酶 III 作用合成 DNA，直至遇到下一个引物或冈崎片段为止。由 RNA 酶 II 降解 RNA 引物并由 DNA 聚合酶 I 将缺口补齐，再由 DNA 连接酶将两个冈崎片段连在一起形成大分子 DNA。

（四）端粒和端粒酶

1941 年美籍印度人麦克林托克（Mc Clintock）就提出了端粒（telomere）的假说，认为染色体末端必然存在一种特殊结构——端粒。现在已知染色体端粒的作用至少有二：(1)保护染色体末端免受损伤，使染色体保持稳定；(2)与核纤层相连，使染色体得以定位。在弄清楚 DNA 复制过程之后，20 世纪 70 年代科学家对 DNA 复制时新链 5′ 端的 RNA 引物被切除后，空缺是如何被填补的问题提出了质疑。如不填补岂不是 DNA 每复制一次就短一点？以滞后链复制为例，当 RNA 引物被切除后冈崎片段之间是由 DNA 聚合酶 I 催化合成的 DNA 填补之，然后再由 DNA 连接酶将它们连接成一条完整的链。但是 DNA 聚合酶 I 催化合成 DNA 时，需要自由 3′—OH 作为引物，最后余下子链的 5′ 无法填补，于是染色体就短了一点。

在正常体细胞中普遍存在着染色体酶复制一次端粒就短一次的现象。人们推测可能一旦端粒缩短到某一阈限长度以下时，它们就会发出一个警报，命令细胞进入衰老期，于是分裂也就停止了，造成正常体细胞寿命有一定界限。但是在癌细胞中染色体端粒却一直维持在一定长度上，这是为什么？这是因为 DNA 复制后，把染色体末端短缺部分补上需要端粒酶，这是一种含有 RNA 的酶，它既解决了模板，又解决了引物的问题。在生殖细胞和

85%癌细胞中都测出了端粒酶具有活性，但是在正常体细胞中却无活性,20世纪90年代中期，布莱克本(Blackburn)首次在原生动物中克隆出端粒酶基因。

端粒酶在癌细胞中具有活性，它不仅使癌细胞可以不断分裂增生，而且它为癌变前的细胞或已经是癌性的细胞提供了时间，以积累附加的突变，即等于增加它们复制,侵入和最终转移的能力。同时人们也由此萌生了开发以端粒为靶的药物,即通过抑制癌细胞中端粒酶活性而达到治疗癌症的目的。

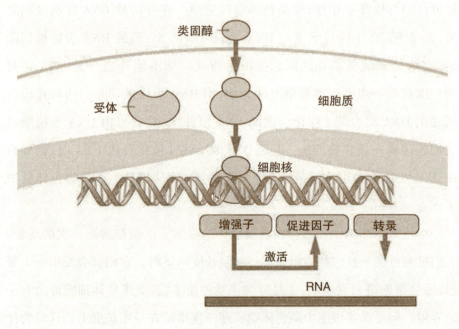

图 3-10 DNA 的转录

转录是指以 DNA 的一条链为模板,按照碱基互补配对原则,合成 RNA

的过程。

（1）转录的启动

DNA 上存在着转录的起始信号，它是特殊的核苷酸序列，称为启动子。转录是由 RNA 聚合酶全酶结合于启动子而被启动的。其机理是：s 因子能识别启动子，并识别有义链，它与核心酶结合，引导核心酶定位到启动子部位。

（2）转录的起始

当聚合酶结合到启动子上后，在启动子附近将 DNA 局部解链，约解开 17 个碱基对。第一个核苷三磷酸（常常是 GTP 或 ATP）结合到全酶上，形成"启动子—全酶—核苷三磷酸"三元起始复合物。第二个核苷酸参入，连接到第一个核苷酸的 3′ 羟基上，形成了第一个磷酸二酯键。s 因子从全酶上掉下，又去结合其他的核心酶。

（3）链的延伸

当 s 因子从核心酶上脱落后，核心酶与 DNA 链的结合变得疏松（依靠其蛋白质的碱性与酸性核酸之间的非特异性的静电引力），可以在模板链上滑动，方向为 DNA 模板链的 3′ →5′，同时将核苷酸逐个加到生长的 RNA 链的 3'-OH 端，使 RNA 链以 5′ →3′ 方向延伸。在 RNA 链延伸的同时，RNA 聚合酶继续解开它前方的 DNA 双螺旋结构，暴露出新的模板链，而后面被解开的两条 DNA 单链又重新形成双螺旋结构，DNA 双螺旋结构的解开区保持约 17 个碱基对的长度。

新合成的 RNA 链能与模板形成 RNA–DNA 杂交区，这个杂交区也在随着 RNA 聚合酶的移动而不断地移动着。

（4）转录的终止

MANZU NI DE HAOQIXIN:JIYIN DUO QIMIAO

　　DNA 分子上有终止转录的特殊信号,也是特定的核苷酸序列,称为终止子。RNA 聚合酶可以识别终止子,它在一种蛋白质——r 因子的帮助下,终止转录,放出 RNA 链;有时,RNA 聚合酶不需要 r 因子的帮助即可终止转录。

　　核心酶释放了 RNA 后,也离开 DNA。DNA 上的解链区重新形成双螺旋结构。

　　游离在细胞质中的各种氨基酸,以 mRNA(信使 RNA)为模板合成具有一定氨基酸顺序的蛋白质的过程,称为遗传信息的翻译。

　　在合成各种不同 RNA 中,tRNA(转运 RNA)具有搬运氨基酸功能。构成核糖体骨架的是 rRNA（核糖体 RNA），而 mRNA 直接决定蛋白质的结构。4 种核苷酸排列组成遗传信息,合成蛋白质时转换成 20 种氨基酸的排列顺序,遗传信息的这种转换称为翻译。3 个核苷酸排列顺序代表一种氨基酸密码,表示蛋白质合成开始的密码有一种,DNA 三个终止密码子分别是 UAA、UAG、UGA。在细菌里,依靠 rRNA 和 mRNA 之间一段互补序列能发现蛋白质合成开始的位置。原核生物核糖

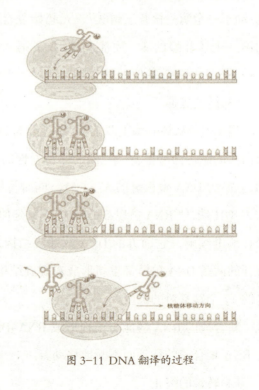

核糖体移动方向

图 3-11 DNA 翻译的过程

体是由 16SrRNA、23SrRNA 和 5SrRNA 组成。在核糖体上,有两个位置上暴露出 mRNA 分子相邻的两个密码子, 当蛋白质合成进行到没有携带任何一种氨基酸的 tRNA 与其对应,这说明合成蛋白质结束,并已开始同一种蛋白质分子的合成。合成蛋白质后,决定其空间结构的是蛋白质的氨基酸排列顺序,确定后,就能自动折叠卷曲成一定的空间形状。

三、遗传密码

第一个核苷酸	第二个核苷酸				第三个核苷酸
	U	C	A	G	
U	苯丙氨酸	丝氨酸	酪氨酸	半胱氨酸	U
	苯丙氨酸	丝氨酸	酪氨酸	半胱氨酸	C
	亮氨酸	丝氨酸	——终止密码	——终止密码	A
	亮氨酸	丝氨酸	——终止密码	色氨酸	G
C	亮氨酸	脯氨酸	组氨酸	精氨酸	U
	亮氨酸	脯氨酸	组氨酸	精氨酸	C
	亮氨酸	脯氨酸	谷氨酰胺	精氨酸	A
	亮氨酸	脯氨酸	谷氨酰胺	精氨酸	G
A	异亮氨酸	苏氨酸	天冬酰胺	丝氨酸	U
	异亮氨酸	苏氨酸	天冬酰胺	丝氨酸	C
	异亮氨酸	苏氨酸	赖氨酸	精氨酸	A
	甲硫氨酸	苏氨酸	赖氨酸	精氨酸	G
G	缬氨酸	丙氨酸	天冬氨酸	甘氨酸	U
	缬氨酸	丙氨酸	天冬氨酸	甘氨酸	C
	缬氨酸	丙氨酸	谷氨酸	甘氨酸	A
	缬氨酸	丙氨酸	谷氨酸	甘氨酸	G

图 3-12　遗传密码表

遗传密码又称密码子、遗传密码子、三联体密码。指信使 RNA(mRNA)分子上从 5′ 端到 3′ 端方向,由起始密码子 AUG 开始,每三个核苷酸组成

的三联体。它决定肽链上每一个氨基酸和各氨基酸的合成顺序，以及蛋白质合成的起始、延伸和终止。

遗传密码是一组规则，将 DNA 或 RNA 序列以三个核苷酸为一组的密码子转译为蛋白质的氨基酸序列，以用于蛋白质合成。几乎所有的生物都使用同样的遗传密码，称为标准遗传密码。即使是非细胞结构的病毒，它们也是使用标准遗传密码。但是也有少数生物使用一些稍微不同的遗传密码。

遗传密码的发现是 20 世纪 50 年代的一项奇妙想象和严密论证的伟大结晶。mRNA 由 4 种含有不同碱基的核苷酸组成，它们分别是腺嘌呤（简称 A）、尿嘧啶（简称 U）、胞嘧啶（简称 C）、鸟嘌呤（简称 G）。最初科学家猜想，一个碱基决定一种氨基酸，那就只能决定四种氨基酸，显然不够决定生物体内的 20 种氨基酸。那么 2 个碱基结合在一起，决定一个氨基酸，就可决定 16 种氨基酸，显然还是不够。如果 3 个碱基组合在一起决定一个氨基酸，则有 64 种组合方式，看来 3 个碱基的三联体就可以满足 20 种氨基酸的表示了，而且还有富余。猜想毕竟是猜想，还要严密论证才行。

自从发现了 DNA 的结构，科学家便开始致力研究有关制造蛋白质的秘密。伽莫夫指出需要以 3 个核酸组成的三联体才能为 20 个氨基酸编码。1961 年，美国国家卫生院的马太（Matthaei）与马歇尔·沃伦·尼伦伯格在无细胞系统（Cell-free system）环境下，把一条只由尿嘧啶（U）组成的 RNA 转释成一条只有苯丙氨酸（Phe）的多肽，由此破解了首个密码子（UUU→Phe）。随后哈尔·葛宾·科拉纳破解了其他密码子，接着罗伯特·W·霍利发现了负责转录过程的 tRNA。1968 年，科拉纳、霍利和尼伦伯格分享了诺贝尔生理学或医学奖。

（一）结构基因的表达

一个生物体携带的全套遗传信息，即基因组它是 DNA 线状分子。分子中每个有功能的单位被称作基因，每个基因均是由一连串单核苷酸组成。能编码蛋白质的基因称为结构基因。结构基因的表达是 DNA 分子通过转录反应生成线状核酸 RNA 分子，RNA 分子在翻译系统的作用下翻译成蛋白质。

每个单核苷酸均由碱基，戊糖（即五碳糖，DNA 中为脱氧核糖，RNA 中为核糖）和磷酸三部分组成。碱基不同构成了不同的单核苷酸。组成 DNA 的碱基有腺嘌呤（A），鸟嘌呤（G），胞嘧啶（C）及胸腺嘧啶（T）。组成 RNA 的碱基以尿嘧啶（U）代替了胸腺嘧啶（T）。三个单核苷酸形成一组密码子，而每个密码子代表一个氨基酸或终止信号。

在蛋白质合成的过程中，基因先被从 DNA 转录为对应的 RNA 模板，即信使 RNA（mRNA）。接下来在核糖体和转移 RNA（tRNA）以及一些酶的作用下，由该 RNA 模板转译成为氨基酸组成的链（多肽），然后经过翻译后修饰形成蛋白质。

因为密码子由三个核苷酸组成，故一共有 $4^3=64$ 种密码子。例如，RNA 序列 UAGCAAUCC 包含了三个密码子：UAG，CAA 和 UCC。这段 RNA 编码了代表了长度为 3 个氨基酸的一段蛋白质序列。（DNA 也有类似的序列，但是以 T 代替了 U）。

（二）一代密码

遗传密码是由核苷酸组成的三联体。翻译时从起始密码子开始，沿着 mRNA 的 $5' \rightarrow 3'$ 方向，不重叠地连续阅读氨基酸密码子，一直进行到终止密码子才停止，结果从 N 端到 C 端生成一条具有特定顺序的肽链。

"遗传密码"一词,现在被用来代表两种完全不同的含义,外行常用它来表示生物体内的全部遗传信息。分子生物学家指的是表示 4 个字母的核酸语言和 20 个字母的蛋白质语言之间关系的小字典。要了解核苷酸顺序是如何决定氨基酸顺序的,首先要知道编码的比例关系,即要弄清楚核苷酸数目与氨基酸数目的对应比例关系。

从数学观点考虑,核酸通常有四种核苷酸,而组成蛋白质的氨基酸有 20 种,因此,一种核苷酸作为一种氨基酸的密码是不可能的。如果两种核苷酸为一组,代表一种氨基酸,那么它们所能代表的氨基酸也只能有 $4^2=16$ 种(不足 20 种)。如果三个核苷酸对应一个氨基酸,那么可能的密码子有 $4^3=64$ 种,这是能够将 20 种氨基酸全部包括进去的最低比例。因此密码子是三联体(Triplet),而不是二联体(Duplet),更不是单一体(Singlet)。

国际公认的遗传密码,它是在 1954 年首先由盖莫夫提出具体设想,即四种不同的碱基怎样排列组合进行编码,才能表达出 20 种不同的氨基酸。1961 年,由尼伦伯格等用大肠杆菌无细胞体系实验,发现苯丙氨酸的密码就是 RNA 上的尿嘧啶 UUU 密码子,到 1966 年,64 种遗传密码全部破译。

在 64 个密码子中,一共有三个终止密码子,它们是 UAA、UAG 和 UGA,不与 tRNA 结合,但能被释放因子识别。终止密码子也叫标点密码子或叫无意义密码子。有两个氨基酸密码子 AUG 和 GUG 同时兼作起始密码子,它们作为体内蛋白质生物合成的起始信号,其中 AUG 使用最普遍。

密码的最终破译是由实验室而不是由理论得出的,遗传密码体现了分子生物学的核心,犹如元素周期表是化学的核心一样,但二者又有很大的差别。元素周期表很可能在宇宙中的任何地方都是正确的,特别是在温度和压力与地球都相似的条件下。但是如果在其他星球也有生命的存在，而那种生命也利用核酸和蛋白质，它们的密码很可能有巨大的差异。在地球上，遗传密码只在某些生物中有微小的变异。克里克认为，遗传密码如同生命本身一样，并不是事物永恒的性质，至少在一定程度上，它是偶然的产物。当密码最初开始进化时，它很可能对生命的起源起重要作用。

(三)二代密码

对生命遗传信息存储传递及表达的认识是 20 世纪生物学所取得的最重要的突破。其中的关键问题是由 3 个相连的核苷酸顺序决定蛋白质分子肽链中的 1 个氨基酸，即"三联遗传密码"(第一遗传密码)的破译。但是蛋白质必须有特定的三维空间结构，才能表现其特定的生物功能。20 世纪 50 年代安芬森(Anfinsen)提出假说，认为蛋白质特定的三维空间结构是由其氨基酸排列顺序所决定的，并因此获得诺贝尔奖。这一论断现在已被广泛接受，大量实验充分说明氨基酸顺序与蛋白质空间结构之间确实存在着一定的关系。遗传信息的传递，应该是从核酸序列到功能蛋白质的全过程。现有的遗传密码仅有从核酸序列到无结构的多肽链的信息传递，因此是不完整的。本文讨论的是从无结构的多肽链到有完整结构的功能蛋白质的信息传递部分。完整的提法应该是遗传密码的第二部分，即蛋白质中氨基酸序列与其空间结构的对应关系，国际上称之为第二遗传密码或折叠密码(以下简称第二密码)。安芬森(Anfinsen)原理认为，和一定的氨基酸序列相对应的空间结构是热力学上最稳定的结构，但多肽链折叠成为相应的空间结构在实际上还存在一个"这一过程是否能够在一定时间内完成"的动力学问题。事实上蛋白质最稳定结构与一些相似结构之间的能量差并不大，约

在 20.9~83.7kJ/mol 左右。

蛋白质之所以最容易形成天然结构，除能量因素外，是由动力学和熵的因素所决定的。但是在蛋白质天然结构形成的问题上发生了一些概念上的变革。过去曾经认为新生肽链能够自发地折叠成为完整的空间结构，分子伴侣的发现已经把过去经典的自发折叠概念转变为：有帮助的肽链的"自发"折叠和组装的新概念。"自发"是指由第二遗传密码决定折叠终态的"内因"亦即热力学因素，而"帮助"则是为保证该过程能高效完成的"外因"，是由一类新发现的分子伴侣蛋白和折叠酶来帮助完成的，主要是帮助克服动力学和熵的障碍，因而帮助克服细胞内由各种因素引起折叠错误并造成翻译后多肽链分子的聚集沉淀而最终导致信息传递中止。新生肽成熟为活性蛋白的过程中，不仅有折叠中间体与分子伴侣和折叠酶的相互作用，还有亚基间相互作用而组装成有功能的多亚基蛋白，以及错误折叠分子与特异蛋白水解酶的识别和作用以从细胞内清除构象错误的分子等。细胞内折叠过程也是一个蛋白质分子内和分子间肽链相互作用的过程。细胞内新合成的多肽链浓度极高，这种"拥挤"状态会加剧蛋白质分子间的错误相互作用而导致分子聚集。

（四）应用

人类基因图谱的遗传密码序列最近即将全部揭晓，科学家大胆地预测医学即将进入分子医学与基因治疗的时代，我们不仅可以利用分子医学或生物晶片的方法，找出有问题的致病分子，利用基因工程的方法加以改造，进行所谓"基因治疗"，还可以分析某某人的全部遗传密码序列，提前预测将来发生某种疾病的倾向。一切似乎非常完美，真的是如此吗？

临床的疾病，真正属于单一基因发生突变的仍属少数，大部分的疾病依旧原因不明，据推测多基因（Polygenic）或多因子（Polyfactorial）的原因占了大宗。单基因的疾病，例如苯酮尿症（Phenylketonuria）、舞蹈症（Huntington's Chorea）、地中海型贫血（beta-Thalassemia）等只占了很小的比例，常见的疾病，例如高血压、糖尿病、退化性关节炎、老人失智症，可能是好几个基因出了问题，加上环境因素的影响。对于单基因的疾病，现在可以应用遗传连锁（Linkagestudy）的方法，将致病基因定位（Positionalcloning），再破解遗传密码，但是多基因或多因子造成的疾病，目前并没有可行的遗传学理论或实验方法，可以用来找到所有可能相关的基因。

因为受到医学伦理的约束，基因治疗的临床价值迄今仍未得到证明。基因治疗最早是针对 ADA（腺苷脱氨酶，Adenosine Deaminase）缺乏引起的免疫缺乏症（泡泡娃娃，Bubblebaby），由美国国家卫生院的弗来西斯·安德森（Francis Anderson）等人主持，他们取出病人的骨髓细胞，用基因工程的技术加以改造，修补其免疫缺损，再重新输回病人的身体，基因治疗的同时，病人也接受 ADA 酶素的治疗，研究人员担心万一基因治疗无效，因此不敢贸然停止 ADA 的使用，基因治疗究竟是否有效，目前并没有客观的结论。

20 世纪 80 年代有学者在国际知名的《自然》（Nature）杂志上发表研究论文，指出精神分裂症及躁郁症与遗传的关系，精神分裂症的基因被定位于第 5 对染色体，躁郁症的基因则位于第 11 对染色体，后来相关的研究并不能重复这些结果，因此早先发表的文章遭到撤回。高血压、糖尿病究竟是单基因、多基因，或者环境因素所造成的，迄今仍然没有找到最合理的解释，更何况这些复杂的精神疾病！

人类行为的遗传模式到现在仍不清楚,大部分精神分裂症及躁郁症的病人都是偶发的个案,偶而有家族史,但是很少有三代以上的家族病史,因此无法套用目前基因连锁定位(Linkagestudy)来做致病基因的染色体定位。大部分的病人多半在二十岁左右发病,不容易找到对象结婚,因此精神疾病如果完全是由于遗传基因的作用,他们的遗传基因也很难传递到下一代,但是人口中精神分裂症及躁郁症的病人所占的比例始终约略小于百分之一,这种现象很难以现有的遗传学理论解释。精神疾病目前诊断的方式,仍然以症状诊断为主,始终缺乏生物性的诊断方法,譬如抽血检查血液中的化学物质,或者影像学的检查,看看脑部那个结构出了问题。精神疾病的异质性(Heterogenecity)相当高,增加了研究的困难度,很难区分究竟是先天遗传或者后天环境造成。

20世纪80年代曾有学者以美国东部Amish族群作为研究躁郁症的对象,后来因为少数几个个案的诊断有疑义,整的研究结果受到质疑。自从沃森及克里克于1953年发表DNA的论文之后,分子生物学一日千里,经由国际上许多科学家的协同努力,今天终于揭开人类的遗传密码序列,但是行为科学与精神医学连入口在哪里,现在都还不知道。之所以如此艰难,是因为到目前为止,连最基本的心智功能都没有明确的定义,更遑论要整合各种研究的结论,例如记忆(Memory)就有好多种分法,譬如分成即时记忆、短程记忆及长程记忆,也可分为明确记忆(Explicitmemory)及隐含记忆(Implicit-memory),加上工作状态记忆(Workingmemory)等等。大脑可以记忆,小脑也有记忆能力,例如开车,遇到紧急状况踩煞车,通常是反射动作,不经过大脑考虑,单单对于记忆的了解就如此凌乱,其他如情绪、知觉、理解力、逻辑推理能力等等,更是浑沌一片。

乐观地看,最近这十年,或者最近这一百年,不会有太大进展,悲观的一派则认为人类的心智永远没有答案, 除非遗传学以及神经科学理论的基本架构有划时代突破性的发现。

(五)意义

第一密码的阐明解决了基因在不同生物体之间的转移与表达, 开辟了遗传工程和蛋白工程的新产业。但是在异体表达的蛋白质往往不能正确折叠成为活性蛋白质而聚集形成包含体。生物工程这个在生产上的瓶颈问题需要第二密码的理论研究和折叠的实验研究来指导和帮助解决。由于分子伴侣在新生肽链折叠中的关键作用,它一定会对提高生物工程产物的产率有重要的实用价值。

蛋白工程的兴起,已经使人们不再满足于天然蛋白的利用,而开始追求设计自然界不存在的全新的具有某些特定性质的蛋白质, 这就开辟了蛋白设计的新领域。把原来主要是 $\beta-$ 折叠结构改变为一个主要是 $\alpha-$ 螺旋的新蛋白的设计就是这方面的一个例子, 更多的努力将集中于有实用意义的蛋白设计上。近年来得知某些疾病是由于蛋白质折叠错误而引起的如类似于疯牛病的某些神经性疾病、老年性痴呆症、帕金森氏症,这已引起人们极大的注意。异常刺激会诱导细胞立即合成大量应激蛋白帮助细胞克服环境变化, 这些应激蛋白多半是分子伴侣。由于分子在细胞生命活动的各个层次和环节上都有重要的甚至关键的作用, 它们的表达和行为必然与疾病有密切关系。如局部缺血、化疗损伤、心脏扩大、高烧、炎症感染、代谢病、细胞和组织损伤以及老年化都与应激蛋白有关。因此

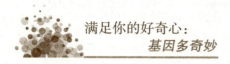

在医学上不仅开辟了与分子伴侣和应激蛋白有关的新的研究领域，也开创了广阔的应用前景。

趣味链接：DNA——现代福尔摩斯

（一）DNA——现代福尔摩斯

从 DNA 法医第一案到美国总统的性丑闻中，DNA 指纹技术起到了一锤定音的作用。大侦探福尔摩斯足智多谋，断案如神，能从一些蛛丝马迹中获得破案的线索，曾给全世界的读者留下了深刻的印象。如果大侦探福尔摩斯知道现在的 DNA 技术，他也会自叹不如。

英国内政大臣向 BBC 电视网宣布，英国将正式启用国家 DNA 数据库，以提高英国警方破案的效率和速度。消息传出后，加拿大、新西兰等国专门赶往英国取经，而英国警方也认为，DNA 数据库的启用，将是 90 年前指纹破案技术发明以来，反犯罪工作领域最激动

图 3-13 福尔摩斯的感叹

人心的一项突破。美国联邦调查局也有类似的数据库。

DNA 技术用于破案的威力究竟何在呢？DNA 是一切生物体遗传信息的载体，不同的生物体其 DNA 也不同。人的 DNA 信息可以从一个人的头发和唾液中获得，而一旦获得了这些信息，就等于从遗传学的角度辨明了一个人的身份。

近一个世纪，指纹技术的发展确实使得刑侦工作面貌一新，但是用指纹破案有一定的局限性，因为在很多案发现场，狡猾的罪犯设法不留下指纹，因而常常给破案造成困难，而运用 DNA 技术，只要罪犯在案发现场留下了血迹和头发，那么警方就可以根据这些蛛丝马迹将其擒获。这种技术的准确率极高，在一般侦破过程中，往往会确定好几个嫌疑犯，采用了 DNA 技术，能比用指纹鉴定更快地为一些无辜者洗清罪名，DNA 技术在破获强奸和暴力犯罪时特别有效，因为在这些案件中，罪犯很容易留下包含了 DNA 信息的罪证。

英国的国家 DNA 数据库最终将收入 500 万个人的 DNA 的信息，而在第一年，这一数据库可能将只是试验性地收入 12.5 万个人的信息，其中主要是记录在案的罪犯和一些嫌疑犯，警方将主要从人身伤害、强奸和盗窃等 3 类犯罪嫌疑分子身上采用其 DNA 样本，英国警方的目标是逐步在所有案件的侦破中都引入 DNA 检查这一步骤。

人类历史上第一次使用 DNA 破案就是在英国。一个姑娘在一个小村庄里被奸杀，警方在她尸体+上取到了罪犯的精液并提取出了 DNA。因为案犯肯定是同一个小村庄里，因此，科学家与警察决定抽取所有可能作案的男人的血样，以做 DNA"指纹"。经过讨论，所有公民都愿意配合。最终通过 DNA

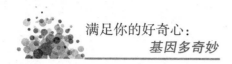
技术寻找到了凶手，DNA 来自人体细胞，不管是一滴精液，一滴血，一根头发，一个烟头上的唾液，几个皮屑的脱落细胞，其 DNA 与这个人的任何组织细胞基本一样，现在的技术，几天，几年，几十年，都可以用 PCR 技术分离出DNA 来。甚至在手指纹上，也能检查出来，而且"DNA 指纹"一对，连任何一个外行的人都不得不为之叹绝。结果有意思的是，这个罪犯被科学吓住了，他在取样时做了手脚，因而败露。

　　法医 DNA 不仅在侦破案件中发挥奇迹般的作用，还能帮助解决一些不可想象的难题。比如揭开"世纪奇冤"中作出贡献的女科学家玛丽·克莱尔·金，她曾用线粒体 DNA 的研究帮助阿根廷的战争孤儿与他们的亲戚团聚。这些孩子因战祸而失去了父母，怎么使他们从来没有见过面的亲戚相信这个孩子是侄儿外孙呢？可以从孩子的血液细胞中提取线粒体 DNA，与可能的亲戚比较从而找到真正的亲人。通过 DNA 技术至少帮助 50 多个孩子找到了亲人。

　　在英国，DNA 指纹分析还用于移民中经常涉及的身份问题。第一个应用例子是 1985 年 4 月，一个男孩曾离开英国，后来又回到了英国。移民局认为有可能冒名顶替，他可能不是该家庭成员，也有可能是这一家的外甥或侄子。血型分析不能得出完全肯定的证据，于是进行 DNA 分析。但不巧的是，孩子的"父亲"不在，只好与男孩的母亲及三个肯定为这一对夫妻的三个孩子进行比较。最终结果确凿无疑地证明该男孩确确实实是他们的孩子。现在，仅美国一家 DNA 分析公司 Cellmark，就已用 DNA 分析的方法解决了几千个法医、移民、亲子的案件。1989 年，便有 2000 多移民因 DNA 证据而到英国与亲属团聚。

灾难中的遗骸识别是一件非常艰难的工作,而现在法医DNA发挥了很大的作用。

1996年8月16日,一架图154客机坠落,77位乌克兰人与64个俄罗斯人遇难。挪威奥斯陆的法医研究所的科学家在20天内,从257块尸体片段中,鉴定了141个遇难者中139人的DNA,只有两人的DNA分型没有得出理想的结果。通过对亲属子女的DNA比较,最终准确鉴定了43个女性与98个男性,22天后所有正确组装的尸体运回俄罗斯与乌克兰。

在英国一个风景优美的村庄,满街的狗屎总是没人打扫,村庄当局便要求养狗者必须拿出几根他们的狗毛,经DNA分析建立狗的"DNA档案",这样,对狗屎中不可避免的狗毛的分析,可以找到随地大便的狗的主人。

法医上的一个难题是确定死者的死亡时间。蚊蝇之类的昆虫只在人体死亡后才在尸体上繁殖,因此这门学科称"法医昆虫学"。除了鉴定死亡时间外,还可根据这些昆虫的种类与区域分布如是城市类还是农村,如果死者是因为服毒致死的,这些昆虫会吸收同样的毒物,因此可以进行毒理分析与毒品鉴定。

"法医昆虫学"进展惊人,首先是以DNA更加准确地鉴定昆虫的种类,更为惊人的是,人类细胞可以在昆虫的血管里、肠道里保存很久,这样就可以从昆虫体内提取死者的DNA,昆虫居然也能提供死者的身份证明。科学家曾拿志愿者身上的虱子做实验得到了这些人的DNA。

这里一定要讲清楚:法医科学只能作为一种旁证,解决问题的方法之一。

每一种新法医技术只有被法庭认可才能被作为证据。卓别林的亲子鉴

定案件，尽管血型分析是支持他无辜，但因为当时血型鉴定未被法庭接受而仍让他受委屈。

当然，法医DNA技术已被美国法庭与社会接受。这里，科学家做了很多工作。

但是作为法医的证据，还有取证的可靠性，可能发生的人为与难以避免的样品互换，实验室难以保证的不污染等问题，这不单是科学问题。

据FBI统计，12%的样品要么不能提取DNA，降解了难以用于分析，要么结果不可靠。而20世纪80年代后期Cellmark所有结果也有4%的"相配"与别的证据不符合，尽管现在这一"误差"已降低到0.5%，因而科学家也确有不同的意见。但是这次，在涉及DNA证据的科学性辩论时，诺贝尔奖获得者，PCR技术的发明者Kary Muli's出庭作证，说他发明的PCR技术用于法医证据并不可靠，在此前，他也曾两次出庭并赢得了法官的支持，尽管其中一例没有DNA分析也能证明被告有罪，尽管他并没有发表过任何法医DNA的科学论文。

1992年，美国科学院的科学家专门成立了"法医科学中的DNA技术"委员会，经过周密的调查，建议用于法庭。1993年，国会通过的反犯罪法案中，拨款给司法部五年4000万美元以改进法医DNA技术。1994年，每年分析60万法医样品的联邦调查局通过"DNA鉴定法案"，开始进行法医DNA分析。而辛普森案件，是"第一个全美广为传布DNA证据用于法庭的案件"。科学家借用这一轰动美国的案件，使美国民众知道DNA指纹及RFLP是怎么一回事。从某一意义上来说，这是一场科学普及的"运动"，专家的关于DNA分析的陈述，被认为是一场最为精彩的科学教育报告，几亿人听取了这个陈述。

1994 年 8 月辛普森案件的起诉组曾宣布 RFLP 分析结果,RFLP指纹以 4 至 5 种不同探针的组合,10 万至 1 亿人中一个可能是相同的。这个实验是一原美国公司,这个实验是美国马里兰的 Cellmank 诊断公司,以及加州伯克利的司法部实验室,以及洛杉矶的警察局做的,辛普森的"DNA 指纹",与当时在死者现场发现的一些血迹相符,而当时辛普森确实中指出血。

一共有 45 个血样:作案现场、辛普森的福特 Bronco 汽车、客厅里发现的手套,洛杉矶警察局还使用了 PCR 放大的位点(DQ),Cellmenk 诊断公司使用了 5 个 VNTR 位点,以及 PCR 的 6 个位点,加州司法部使用 11 个 VNTR 位点,另一个 PCR 分析的 VNTR 位点,以及 DQ PCR 位点。所有 45 个血样的 DNA 类型都呈交陪审团,以及辛普森与两位遇难者大多数位点分析的结果。据统计说,误差的可能性只有 570 亿分之一。

一位科学家写过一个报告,只是从科学的角度,公布了分析的结果。但法律与社会问题,决不是单用科学可以解决的。正如他说:我不相信"无罪"就能否认 DNA 的法医应用。这一次不被陪审团接受,也有好处,我们接受"将来的挑战"以进一步改进技术与可靠性。这说明美国,科学的一些方面还没被所有大众接受。而在我国,这一科学普及工作就更加长期、艰苦,但是,我们一定要做这一方面的工作。

关于克林顿与一个女士的绯闻问题就是以 DNA 解决的。因而后来莫尼卡一展示睡衣上的精痕,克林顿立即承认。

杰弗逊是美国历史上最伟大的总统之一,也是第一个涉及此类丑闻的

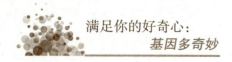

美国总统。两个世纪来，有关他19世纪中叶在巴黎任美驻法大使期间，是否与他的黑人女仆莎莉有私生子的问题，一直没有定论。莎莉于1786年去巴黎照顾杰弗逊的幼女，1789年返美，1790年便生了大儿子汤姆。莎莉于1790年至1808年之间，生了至少五个孩子。其中几个外形长得很像杰弗逊，特别是小儿子伊顿。而她的第四个儿子Madison后来曾说过：莎莉说杰弗逊是她所有孩子的爸爸。1802年，弗吉尼亚的一张报纸曾披露过汤姆是杰弗逊生的，但是，在1805年的一次论证中，杰弗逊否认与莎莉的关系，但莎莉的儿子的后代都相信自己是杰弗逊的后代。

人类决定男性性别的Y染色体是"父系遗传"即父传子的。1998年，经当事人同意，英国与荷兰的科学家研究了杰弗逊的后代与莎莉所生的后代的Y染色体的19个DNA标记。杰弗逊的基因型来自他的祖父并传给他的儿子，正好是较为罕见的。在欧洲人中670人才有1人是这样的，而在全世界的人口中也只有1200分之一。结果发现莎莉的小儿子伊顿的男性后代也是这种基因型。而偶然一致的可能性不到1%，但是与莎莉的大儿子汤姆的后代的不一致。其解释要么是传闻的为杰弗逊生的大儿子恰恰不是杰弗逊生的，要么汤姆后代的"亲子"关系有点问题。而伊顿的男性后代的DNA与杰弗逊的外甥不一样，否定了有人传说的后来几个孩子是杰弗逊外甥生的传说。

这事是否可定论呢？不能。因为杰弗逊的几个侄子，年龄与莎莉相仿。不管如何，莎莉的孩子是杰弗逊家族的成员是可以肯定的。

美国国防部从1992年开始已将DNA指纹分析用于阵亡士兵，特别是战后找到的尸骸以及"无名战士"的身份鉴定。美国士兵出征前都要采血贮存。设在夏威夷的国防部法医实验室里堆满了后来找到的美军士兵的骨头、牙齿。早至1944年在新几内亚被击落的飞行员的、二战中在与日军作战时的,朝鲜、越南及东南亚战争时的。有人还确发现了问题。1972年一架美机在南越被击落,5个月后,巡逻队发现了这一飞机的弹射椅与其他残骸,以及周围的骨头。但夏威夷实验室发现头骨里的DNA指纹所揭示的血型与这一飞行员的血型不符,而且是一个年龄较大、个子较高的白种人的。后来进一步的调查证明,在这一地点附近有8个飞行员毙命,迄今只有一人的身份通过鉴定核实。这一实验室共有177个工作人员,在东南亚失踪的2100个美军士兵中,已有494具遗骨作了鉴定。因此,国防部有人提出对阿林顿公墓的"无名战士"墓都要开棺重新鉴定。

(二)生物学性状都是由基因决定的吗?

在水族中,有一种鱼被人们称之为"清道夫",它们专门清除其他鱼的皮肤上的外寄生虫,从而获得食物来源,而接受清除服务的鱼无论多么凶恶,对它们都会敬若上宾。清道夫鱼过着小群体生活,头领是一条年长的雄鱼,另有三到六条雌鱼,其他的则是一些未成熟的小雌鱼,这就是说一群这类鱼中只有一条雄鱼。它们过着一种有严格等级的社会生活,所有雌性的鱼按从小到大地位越来越高,最高地位的那条雌鱼就是鱼群中的"后"。人们当然会担心那条"王"鱼死后这群鱼所面临的生存问题,其实当"王"死后,"后"便立即产生性转换,一跃变为雄鱼并成为了这群鱼中的"王"。研究表明,在这种性别转换中,染色体没有变化。这一点是与中心法则完全相悖的,而事实上有更多的例子表明DNA通过RNA、蛋白质控制着物种的生物学性状,我们在后面的叙述中将会谈到。这个例子告诉我们,中心法则是科学的,但不是

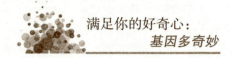

绝对没有问题的。

所谓中心法则就是：遗传信息从 DNA 传递给 RNA，再从 RNA 传递给蛋白质的转录和翻译过程，以及遗传信息从 DNA 传递给 DNA 的复制过程。我的一些朋友们认为如果进化论是生物中的牛顿定律，那么中心法则则是生物学中的相对论。这个类比是不准确的，但它却表示了中心法则在生物学中的重要地位。

1953 年是个值得纪念的时期，克里克和沃森提出了 DNA 双螺旋互补结构模型。在此基础上，五年后克里克便提出了中心法则。双螺旋结构模型中由于两条链碱基互补，模型本身就提示了自我复制的机理，进而表明了 DNA 作为遗传物质由亲代传给子代的原因。当然，遗传物质除亲子传递外还必需具备控制

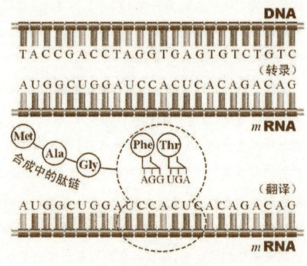

图 3-14 中心法则示意图

自身生物学性状的能力。克里克在当时许多研究尚未进行或非常不明朗的情况下从 DNA 复制时碱基配对原理出发，天才地预言模板 RNA 的存在，并由 RNA 碱基无法直接与多肽氨基酸配对的事实，提出了密码和应接器(即后来发现的转运 RNA)的概念，这就是在 DNA 模板上合成 RNA，再以 RNA 为

模板在应接器参与下氨基酸按密码顺序合成肽链。这是一个革命性的、划时代的创举,从此在中心法则的影响下,生物学向新的层次大踏步地前进着,生物学理论出现了日新月异的发展,并助产了基因工程的诞生和发展。

和达尔文进化论所经历的情况一样,在以后的实践中人们也发现了许多与中心法则不相容的实验结果,我们在以下作一个简单的介绍。

首先是逆转录酶,它以RNA为模板、催化合成DNA的酶,说明细胞中遗传信息可以从RNA传递给DNA。这一结果促使克里克承认遗传信息可在DNA和RNA间逆转传递并重新修正了中心法则,这比19世纪前的科学家的作风有明显的进步,但他却依然坚持:核酸的碱基顺序和相应蛋白质的氨基酸序列是相对应的,而且遗传信息一旦传递到蛋白质就不可能再行输出。就是说只要我们知道了编码蛋白质的DNA片断的碱基顺序,就能推算出RNA的碱基序列,然后通过遗传密码表就能列出翻译产生蛋白质的氨基酸序列,反过来也一样。

事情真的都是这样的吗?一个著名的否定例证来自所谓分子重排现象。人们在实验中发现,丝状氰化细菌未分化之前不能固氮,当分化为异形细胞时就能获得固氮能力。固氮作用的核心固氮酶是固

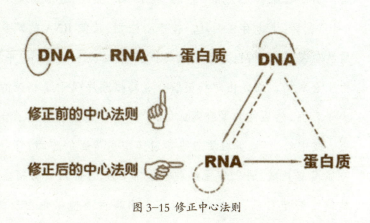

图3-15 修正中心法则

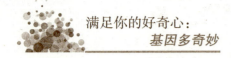
氮酶基因的表达产物，分化前固氮基因在 DNA 分子上被分隔为两个部分，异形细胞分化时这两个部分连在一起成为完整的基因，这表明基因中核苷酸序列在生物发育的不同时期会出现重排现象。从 DNA 的角度来看，中心法则无法解释这一现象。

我们再来看看 RNA 的情况。中心法则表明 RNA 是以 DNA 为模板合成的，DNA、RNA 碱基序列和蛋白质氨基酸排列顺序应严格对应，RNA 合成后不容改变，否则 DNA 序列就不可能与蛋白质氨基酸序列相对应。1977年美国病毒学家夏普发现病毒基因内部存在插入序列，这个序列在转录后 RNA 成熟时被切除，后来又发现真核生物信使 RNA、转运 RNA 和核糖体 RNA 成熟过程中几乎都有上述现象。这就是说 DNA 上的碱基序列也无法正确推出它的表达产物蛋白质的氨基酸序列。近年来又发现 RNA 成熟过程中还可能有碱基的添加、删除和更换等状况，更让人吃惊的是这绝不是个别现象，它广泛地出现在病毒、细菌、植物、真菌和动物中。有时变更幅度竟然达一半以上。这些现象都无法用严格的"转录"和"翻译"过程来解释。

"翻译"上也存在问题。按中心法则，信使 RNA 的碱基序列决定了蛋白质的氨基酸序列，但是某些肽类抗生素（如短杆菌肽等）并非在信使 RNA 模板上合成的，而是由短杆菌肽合成酶按顺序吸附了相应的氨基酸排列在酶分子表面，然后使其聚合而成的，于是原有的蛋白质成了合成新蛋白质的模板。按中心法则，蛋白质应当是遗传信息传递的终端，可一些朊病毒只有蛋白质没有核酸，进入宿主细胞后能靠自身的蛋白质将宿主正常蛋白质改变结构而繁殖自己，这也是遗传信息由蛋白质传给蛋白质的典型例子（疯牛病毒）。

我们从分子水平上已经看到一些与中心法则相悖的事例，那么在更高层次上情况又如何呢？我们知道细胞膜是由脂类和蛋白质组成的，而蛋白质是由膜蛋白的有关基因表达而来，脂类则由合成脂类的酶催化而成，DNA还是主宰者，但如果仅有脂类和蛋白质却得不到膜，必需加上极少量的膜作为模板，亦即非 DNA 模板。这类现象还出现在叶绿体、线粒体、细菌细胞壁的生成过程中。显然这是与中心法则相悖的。

在中心法则下我们能够解释基因控制性状，有些直接参与了我们对一些基因疾病的研究并取得了可靠的依据。但本文开头所描述的清道夫们仍在水中游动着，它们的存在让我们不得不对中心法则进行更深入的思考。

这再次告诉我们，一个科学的理论系统不是一蹴而就的，和进化论一样，中心法则推动了生物学突飞猛进的发展，历史功绩不容抹杀，有悖现象的存在不是坏事，它必将促使我们的认识水平向纵深发展，相信中心法则作为一个重要的生物学理论基础一定会得到充实、发展和提高。

第四章　多彩的世界"变"出来

一、神秘的变异

　　人类今天对生物变异现象及其内在机制的认识，是长期发展的结果。生物机体存在变异，在中国先秦时期的典籍中就有不少记载，《庄子》一书中曾提到"种有几"。北魏时期的贾思勰观察到栽培中的大蒜与芜菁的变异，但原因不明。他说："大蒜瓣变小，芜菁根变大，二事相反，其理难明。"（《齐民要术·种蒜》）。明朝的张谦德在其《朱砂鱼谱》中不仅看到家养金鱼的大量变异，而且提出一套通过人工选择培育新品种的方法，即："蓄类贵广，而选择贵精"，日积月累，"自然奇品悉备"。这些都是对变异零星的

图4-1 绚丽多姿的金鱼正是变异的成果

观察。

19世纪英国生物学家C·R·达尔文系统地考察过生物的变异,指出变异是生物普遍存在的共同特征。他对变异的类型、变异的规律以及变异与进化的关系都有系统的论述。但由于受当时自然科学条件的限制,他无法了解变异的具体原因。他自己也承认对任何特殊变异的原因是茫然无知的。20世纪以来遗传学的发展,才使人们对变异有了更深刻的理解。

变异一般指后代出现与亲代相异的性状的现象,即亲代与子代,子代个体间性状的相异。例如,"一母生九子,连母十个样"。生物一方面通过遗传保持自己种类的相对稳定,构成物种存在和发展的基础;另一方面又通过变异以适应变化着的自然环境和生存条件,创造生物不断进化的契机。变异可区分为遗传变异和非遗传变异。日常看到的变异可属两者之一,或为两者的总和。遗传变异可起因于遗传物质的改变,包括基因突变和染色体畸变,也可起因于基因的分离与重组。在生物进化上,只有遗传变异才是自然选择的材料。

图4-2 一只变异的六条腿牛蛙

变异是同一物种不同世代个体之间,或同代不同个体之间的性状差异,也适用于个体的器官、细胞等次级结构单位。决定生物性状表现的内部主要因素为基因,因为基因通

常能够正确地进行自我复制而遗传下去，所以由于基因型不同所引起的变异才是真正的遗传变异。一方面从基因的作用到表现型的过程可受外界环境条件的强烈影响，由环境影响产生的变异是非遗传的变异，其中包括暂时性变异和季节变异等。此外变异还可分为连续变异和不连续变异。由于变异本身和进化问题有很密切的关系，所以自达尔文以来曾受到许多学者的注意。但对由遗传所形成的变异实质，还是在遗传学发展以后才被阐明。此外变异在进化中的作用也是通过群体遗传学的研究而逐渐被阐明的。

二、遗传与变异

生物的亲代能产生与自己相似的后代的现象叫做遗传。遗传物质的基础是脱氧核糖核酸（DNA），亲代将自己的遗传物质传递给子代，而且遗传的性状和物种保持相对的稳定性。生命之所以能够一代一代地延续，主要是由于遗传物质在生物进程之中得以代代相承，从而使后代具有与前代相近的性状。

只是，亲代与子代之间、子代的个体之间，是绝对不会完全相同的，也就是说，总是或多或少地存在着差异，这样的现象叫变异。

遗传是指亲子间的相似性，变异是指亲子间和子代个体间的差异。生物的遗传和变异是通过生殖和发育而实现的。

遗传从现象来看是亲子代之间的相似的现象，即俗语所说的"种瓜得瓜,种豆得豆"。它的实质是生物按照亲代的发育途径和方式,从环境中获取物质,产生和亲代相似的复本。遗传是相对稳定的,生物不轻易改变从亲代继承的发育途径和方式。因此,亲代的外貌、行为习性,以及优良性状可以在子代重现,甚至酷似亲代。而亲代的缺陷和遗传病,同样可以传递给子代。

遗传是一切生物的基本属性,它使生物界保持相对稳定,使人类可以识别包括自己在内的生物界。

世界上没有两个绝对相同的个体,包括孪生同胞在内,这充分说明了遗传的稳定性是相对的,而变异是绝对的。

图4-3 一头变异的牛

生物的遗传与变异是同一事物的两个方面,遗传可以发生变异,发生的

变异可以遗传,正常健康的父亲,可以生育出智力与体质方面有遗传缺陷的子女,并把遗传缺陷(变异)传递给下一代。

生物的遗传和变异是否有物质基础的问题，在遗传学领域内争论了数十年之久。在现代生物学领域中，一致公认生物的遗传物质在细胞水平上是染色体，在分子水平上是基因，它们的化学构成是脱氧核糖核酸(DNA),在极少数没有 DNA 的原核生物中，如烟草花叶病毒等，核糖核酸(RNA)是遗传物质。

图 4-4 一条变异的蛇长出两个头

真核生物的细胞具有结构完整的细胞核，在细胞质中还有多种细胞器，真核生物的遗传物质就是细胞核内的染色体。但是,细胞质在某些方面也表现有一定的遗传功能。人类亲子代之间的物质联系是精子与卵子,而精子与卵子中具有遗传功能的物质是染色体,受精卵根据染色体中 DNA 蕴藏的遗传信息,发育成和亲代相似的子代。

遗传和可以遗传的变异都是由遗传物质决定的。这种遗传物质就是细胞染色体中的基因。人类染色体与绝大多数生物一样,是由 DNA(脱氧核糖核酸)链构成的,基因就是在 DNA 链上的特定的一个片段。由于亲代染色体通过生殖过程传递到子代,这就产生了遗传。染色体在生物的生活或繁殖过程中也可能发生畸变,基因内部也可能发生突变,这都会导致变异。

如遗传学指出:患色盲的父亲,他的女儿一般不表现出色盲,但她已获得了其亲代的色盲基因,她的下一代中,儿子将因获得色盲基因而患色盲。

我们观察我们身边很多有生命的物种:动物、植物、微生物以及我们人类,虽然种类繁多,但在经历了很多年后,人还是人,鸡还是鸡,狗还是狗,蚂蚁、大象、桃树、柳树以及各种花草等等,千千万万种生物仍能保持各自的特征,这些特征包括形态结构的特征以及生理功能的特征。正因为生物界有这种遗传特性,自然界各种生物才能各自有序地生存、生活,并繁衍子孙后代。

大家可能会问,生物是一代一代遗传下来,每种生物的形态结构以及生理功能应该是一模一样的,但为什么父母所生子女,一人一个样,一人一种性格,各有各自的特征。又如把不同人的皮肤或肾脏等器官互相移植,还会发生排斥现象,彼此不能接受,这又如何解释呢?科学家研究的结果告诉我们,生物界除了遗传现象以外还有变异现象,也就是说个体间有差异。例如,一对夫妇所生的子女,各有各的模样,丑陋的父母生出漂亮的孩子,平庸的父母生出聪明的孩子,这类情况也并不罕见。全世界恐怕很难找出两个一模

一样的人，既使是单卵双生子，外人看起来好像一模一样，但是与他们朝夕相处的父母却能分辨出他们之间的微细差异，这种现象就是变异。人类中多数变异现象是由于父母亲遗传基因的不同组合。每个孩子都从父亲那里得到遗传基因的一半，从母亲那里得到另一半，每个孩子所得到的遗传基因虽然数量相同，但内容有所不同，因此每个孩子都是一个新的组合体，与父母不一样，兄弟姐妹之间也不一样，而形成彼此间的差异。正因为有变异现象，人类才有众多的民族。人们可以很容易地从人群中认出张三、李四，如果没有变异，大家全都是一个样子，社会上的麻烦事就多了。除了外形有不同，变异还包括构成身体的基本物质——蛋白质也存在着变异，每个人都有他自己特异的蛋白质。所以，如果皮肤或器官从一个人移植到另一个人身上便会发生排斥现象，这就是因为他们之间的蛋白质不一样的缘故。

还有一类变异是遗传基因的突变，这类突变往往是由环境中的条件所诱发的，这种突变的基因还可以遗传给下一代。许多基因突变的结果会造成遗传病。

变异也可以完全由外界因素所造成，例如患小儿麻痹症导致的跛足，感染大脑炎后形成的痴呆等这些性状都是由外界因素所造成的，是因为病毒感染使某些组织受损害，造成生理功能的异常，不是遗传物质的改变，所以不是遗传的问题，因此也不会遗传给下一代。

总之，遗传与变异是遗传现象中不可分离的两个方面，我们有从父母获得的遗传物质，保证我们人类的基本特征经久不变。在遗传过程中还不断地发生变异，每个人又在一定的环境下发育成长，才有了人类的多种多样。

趣味链接：基因突变关乎你和我

（一）基因突变关乎你和我

细胞在复制 DNA 方面技术水平是很高的，在我们生命中的每一秒钟，都有令人难以想象的大量的细胞在分裂，它们正在复制着亿万个基因。只有非常罕见的情况下，基因复制才会发生错误，制造出一个某种细胞不能够读的"基因"。通常，这也不会造成问题，因为第一，还有一个后备的基因；第二，亿万个其他的同样的细胞可以接管这个有病的细胞的工作。

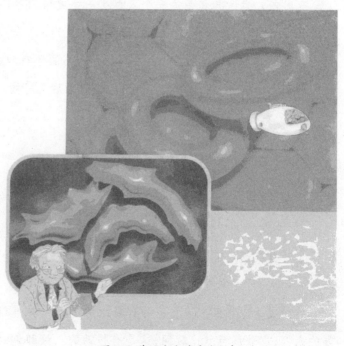

图4-5 基因突变关乎你和我

当基因的错误发生在生殖细胞中的时候常常会出现问题,卵细胞和精子细胞可以把它们的基因传给孩子的所有的细胞,甚至传到孩子的生殖细胞。这样一种基因错误叫做突变,就是一种基因的改变,并且可以传到下一代。

1. 人突变的基因会怎么样?

通常,突变的基因是有缺陷的,因此是不能读的。如果有另一个健康的基因工作,就像是有一个飞机的副驾驶员,也不会造成问题。但是,就像健康的基因一样,突变仍然可以传给孩子。

有时候,母亲和父亲每一个人都有一个健康的基因和一个有缺陷的同样的基因,他们的孩子有很大的机会至少接收到一个健康基因。最糟糕的情况是,如果孩子接受了两个有缺陷的基因——两个有病的飞机驾驶员,即便是父母都完全健康,但是孩子也会患病或者以后会患病。遗传性疾病有好几千种,大多数都很难治好,病人需要终身治疗。

2. 突变总是有害的吗?

并不是。突变也可以是很有意义的并且是有益处的。实际上,我们都是突变产物,因为我们的祖先已经发生过很多次无害的基因改变,结果会像扁鼻子、红头发或者特殊形状的耳垂。这样的突变的基因,让我们之间的差异变大了。我们都是突变产物,我们的长相都不一样,这是好事。这样,我们要识别一个人,只要先看一眼就可以了,而不是先闻一闻。

有些突变也可以产生其他的有用的变化。例如,生活在热带日照强烈地方的人们,皮肤颜色就比较深,这是有帮助的。深颜色的皮肤比浅颜色的皮肤对日光的耐受力更强。在深颜色的皮肤中,细胞制造比较多的产生黑色素的蛋白质,黑色素可以保护我们,减少日光的烧灼。另一方面,在阳光稀少的国家里的人,浅颜色的皮肤更有帮助,它可以摄取比较多的阳光,因为制造某些维生素需要阳光,所以这对身体较有利。

人,还有其他的各种生物,把有利的突变基因传给他们的后代。很多代以后,这样的有用的基因就可能传播开来。突变可以使得生物适应不同的生活环境。

(二)揭秘!八大可怕的人类基因突变

人类基因突变被看做是与生俱来的,并且会伴随人的一生。有一些基因突变是很明显的,刚看到它的时候也就发现了,可是有些基因突变是可以隐藏起来的。有一些基因突变会随着人类的年龄增长而愈演愈烈,而有些是会导致人类死亡的。现在很多基因突变的事情都在世界上公布,人们可以从电视上或者网络上查到。下面我要介绍的这八种基因突变不知道你有没有听说过。

图4-6 独眼畸形

1. 独眼畸形

这种天生的基因突变使得人们不能用两只眼睛来观察世界,这种畸形一般在250人中会有1人患有。脸部会模糊或者鼻子会失去作用,如果碰到这样的情况,一般家长会在孩子出生之前就会选择不要。这种人类基因突变都是遗传因素或者是因为母亲身体中摄入了毒素。

图4-7 树人

2. 树人

从图片上可以看到,这个男子看起来就像是一个树人,手脚上都有树的分支。20年来,他一直都是这样的生活,他全身上下都有苔藓,这让他看起来像是在森林里生长的植物。这些在他身上的苔藓可能有12多磅,而他总身重也就100磅。他走几步道就会觉得很累因为全身上下多余的体重很沉。有专家认为引起他这种基因突变的原因是一种HPV病毒。有两种HPV病毒,一种可以导致官颈癌,而另一种可能导致皮肤上有苔藓,显然,他是属于后者的。当他进入青春期的时候,这些基因也跟随着他开始发展,这些东西是他所不能控制的。

3. 美人鱼综合症

美人鱼综合症是一种罕见的先天性缺陷,两条腿融合在一起,看起来像"美人鱼"。估计在大约十万个新生儿中会有一例。婴儿通常因为并发肾脏和膀胱异常,会在出生后一两天内

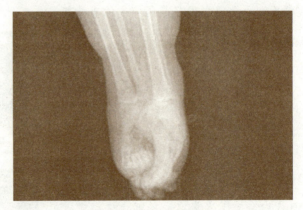

图4-8 美人鱼综合症

死亡。目前,利用外科手术可以将融合的下肢,或融合的内脏分离。实验证明骨形成蛋白-7可能在此疾病的发病中起作用。

4. 侏儒症

凡身高低于同一种族、同一年龄、同一性别的小儿的标准身高的30%以上，或成年人身高在120厘米以下者，称为侏儒症或矮小体型。侏儒症由于多种原因导致的生长素分泌不足而致身体发育迟缓。侏儒症病因可归咎于先天因素和后天

图4-9 侏儒症

因素两个方面。先天因素多由于父母精血亏虚而影响胎儿的生长发育，多数与遗传有关，一般智力发育正常。

5. 象皮病

又称血丝虫病，是因血丝虫感染所造成的一种症状，血丝虫幼虫在人体的淋巴系统内繁殖使淋巴发炎肿大，使人体出现类似于象的皮肤和腿，一般传染的途径是蚊虫叮咬。这种病主要发生在非洲地区。

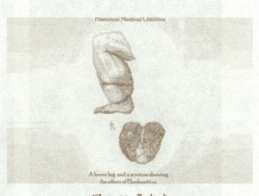

图4-10 象皮病

6. 毛人

毛人又称为多毛症，是一种遗传性疾病。患者全身上下长着浓密的毛发，

图4-11 毛人

仿佛"猿人"一般，所以又有人把毛人称为"返祖"现象。

7. 阿诺德综合症

这个基因突变是以人的名字命名的，相传有个叫阿诺德的人，他娶了7个妻子，生了很多孩子，这并没有什么，可是阿诺德身体内的骨头要比正常的人少，这也并没有什么，可是他并不知道这种病是要遗传的，所以阿诺德的后代的身体内的骨头都要比正常人少。

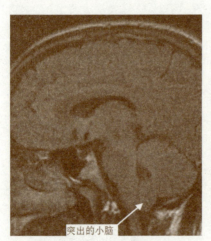

突出的小脑

图4-12 阿诺德综合症

图4-13 巨人症

8. 巨人症

患有巨人症的人往往要比一般人高出好多。患有巨人症的人有两大特征,第一,身高高,体重大。第二,有一个巨型大脑,这样大脑过量增长会导致智力的迟钝。巨人症为发生在青春期前的垂体前叶机能亢进症,分泌生长激素旺盛。

第五章　克隆一个"我"

一、生命的复印机

　　一个细菌经过 20 分钟左右就可一分为二；一根葡萄枝切成十段就可能变成十株葡萄；仙人掌切成几块，每块落地就生根；一株草莓依靠它沿地"爬走"的匍匐茎，一年内就能长出数百株草莓苗……凡此种种，都是生物靠自身的一分为二或自身的一小部分的扩大来繁衍后代，这就是无性繁殖。无性繁殖的英文名称叫"Clone"，音译为"克隆"。实际上，英文的"Clone"起源于希腊文"Klone"，原意是用"嫩枝"或"插条"繁殖。时至今日，"克隆"的含义已不仅仅是"无性繁殖"，凡来自一个祖先，无性繁殖出的一群个体，也叫"克隆"。这种来自一个祖先的无性繁殖的后代群体也叫"无性繁殖系"，简称无性系。

　　自然界的许多动物，在正常情况下都是依靠父方产生的雄性细胞(精子)与母方产生的雌性细胞(卵子)融合(受精)成受精卵(合子)，再由受精卵经过一系列细胞分裂长成胚胎，最终形成新的个体。这种依靠父母双方提供性细胞、并经两性细胞融合产生后代的繁殖方法就叫有性繁殖。但是，如果我们用外科手术将一个胚胎分割成两块、四块、八块……最后通过特殊的方法使一个胚胎长成两个、四个、八个……生物体，这些生物体就是克隆个体。而这两个、四个、八个……个体就叫做无性繁殖系(也叫克隆)。

可以这样说，关于克隆的设想，我国明代的大作家吴承恩已有精彩的描述。孙悟空经常在紧要关头拔一把猴毛变出一大群猴子,猴毛变猴就是克隆猴。

中文也有更加确切的词表达克隆,"无性繁殖"、"无性系化"以及"纯系化"。克隆是指生物体通过体细胞进行的无性繁殖,以及由无性繁殖形成的基因型完全相同的后代个体组成的种群。通常是利用生物技术由无性生殖产生与原个体有完全相同基因组后代的过程。

克隆技术又称为"生物放大技术",它经历了三个发展时期:第一个时期是微生物克隆时期,即用一个细菌可以很快复制出成千上万个和它一模一样的细菌, 从而变成一个细菌群;第二个时期是生物技术克隆时期, 比如用遗传基因——DNA 进行克隆;第三个时期是动物克隆时期, 即由一个细胞克隆成一个动物。克隆绵羊"多莉"就是由一头母羊的体细胞克隆而来,使用的便是动物克隆技术。

图 5-1 克隆羊多莉

在自然界,有不少植物生来就具有克隆本能,如番薯、马铃薯、玫瑰等能够进行插枝繁殖的植物。而动物的克隆技术,则经历了由胚胎细胞到体细胞的发展过程。

一些无脊椎动物(虫类、某些鱼类、蜥蜴和青蛙)未受精的卵也可以在某些特定环境下,比如受到化学刺激的条件下,成长并发育成完整个体。这一过程也被称为是产卵雌性的克隆。早在 20 世纪 50 年代,美国的科学家以两栖动物和鱼类作为研究对象,首创了细胞核移植技术,这可以比做"狸猫换太子"。其基本过程是先将含有遗传物质的供体细胞的核移植到去除了细胞核的卵细胞中,利用微电流刺激等手段使两者融合为一体,然后促使这一新细胞分裂繁殖发育成胚胎,当胚胎发育到一定程度后(罗斯林研究所克隆羊用了约为 6 天的时间),再被植入动物子宫中,使动物"怀孕",便可产下与提供细胞者基因相同的动物。在这一过程中如果对供体细胞进行基因改造,那么无性繁殖的动物后代基因就会发生相同的变化。成功培育三代克隆鼠的"火奴鲁鲁技术"与克隆多莉羊技术的主要区别在于,克隆过程中的遗传物质不经过培养液的培养,而是直接用物理方法注入卵细胞里面。这一过程中采用化学刺激法代替电刺激法来促使卵细胞的融合。1986 年,英国科学家魏拉德森用胚胎细胞克隆出一只羊,以后又有人相继克隆出牛、鼠、兔、猴等动物。这些克隆动物的诞生,均是利用胚胎细胞作为供体细胞进行细胞核移植从而获得成功的。这种克隆技术的难度要小一些,比较适合研究。而克隆绵羊"多莉"是用乳腺上皮细胞(体细胞)作为供体细胞进行细胞核移植的,它翻开了生物克隆史上崭新的一页,突破了利用胚胎细胞进行核移植的传统方式,使克隆技术有了长足的进展。多莉完全继承了其亲生母亲——体细胞提供者——多塞特母绵羊的全部 DNA 的基因特征，是多塞特母绵羊百分之百的"复制品"。

同一克隆的所有成员的遗传构成是完全相同的，例外仅见于有突变发生时。自然界早已存在天然植物、动物和微生物的克隆，例如：同卵双胞胎实际上就是一种克隆。然而，天然的哺乳动物克隆的发生率极低，成员数目太少（一般为两个），且缺乏目的性，所以很少能够被用来为人类造福，因此，人们开始探索用人工的方法来克隆高等动物。这样，克隆一词就开始被用作动词，指人工培育克隆动物这一动作。

目前，生产哺乳动物克隆的方法主要有胚胎分割和细胞核移植两种。克隆羊"多莉"，以及其后各国科学家培育的各种克隆动物，采用的都是细胞核移植技术。所谓细胞核移植，是指将不同发育时期的胚胎或成体动物的细胞核，经显微手术和细胞融合方法移植到去核卵母细胞中，重新组成胚胎并使之发育成熟的过程。与胚胎分割技术不同，细胞核移植技术，特别是细胞核连续移植技术可以产生无限个遗传相同的个体。由于细胞核移植是产生克隆动物的有效方法，故人们往往把它称为动物克隆技术。

采用细胞核移植技术克隆动物的设想，最初由汉斯·施佩曼在 1938 年提出，他称之为"奇异的实验"，即从发育到后期的胚胎（成熟或未成熟的胚胎均可）中取出细胞核，将其移植到一个卵子中。这一设想是现在克隆动物的基本途径。

从 1952 年起，科学家们首先采用青蛙开展细胞核移植克隆实验，先后获得了蝌蚪和成体蛙。1963 年，中国童第周教授领导的科研组，首先以金鱼

等为材料,研究了鱼类胚胎细胞核移植技术,获得成功。1964 年,英国科学家格登(J·Gurdon)将非洲爪蟾未受精的卵用紫外线照射,破坏其细胞核,然后从蝌蚪的体细胞的上皮细胞中吸取细胞核,并将该核注入核被破坏的卵中,结果发现有 1.5%这种移核卵分化发育成为正常的成蛙。格登的试验第一次证明了动物的体细胞核具有全能性。

哺乳动物胚胎细胞核移植研究的最初成果在 1981 年取得——卡尔·伊尔门泽和彼得·霍佩用鼠胚胎细胞培育出发育正常的小鼠。1984 年,施特恩·维拉德森用取自羊的未成熟胚胎细胞克隆出一只活羊,其他人后来利用牛、猪、山羊、兔和猕猴等各种动物对他采用的实验方法进行了重复实验。1989年,维拉德森获得连续移核二代的克隆牛。1994 年,尼尔·菲尔斯特用发育到至少有 120 个细胞的晚期胚胎克隆牛。到 1995 年,在主要的哺乳动物中,胚胎细胞核移植都获得成功,包括冷冻和体外生产的胚胎,对胚胎干细胞或成体干细胞的核移植实验,也都做了尝试。但到 1995 年为止,成体动物已分化细胞核移植一直未能取得成功。

以上事实说明,在 1997 年 2 月英国罗斯林研究所维尔穆特博士科研组公布体细胞克隆羊"多莉"培育成功之前,胚胎细胞核移植技术已经有了很大的发展。实际上,"多莉"的克隆在核移植技术上沿袭了胚胎细胞核移植的全部过程,但这并不能减低"多莉"的重大意义,因为它是世界上第一例经体细胞核移植出生的动物,是克隆技术领域研究的巨大突破。这一巨大进展意味着:在理论上证明了,同植物细胞一样,分化了的动物细胞核也具有全能性,在分化过程中细胞核中的遗传物质没有不可逆变化;在实践上证明了,利用体细胞进行动物克隆的技术是可行的,将有无数相同的细胞可用来作为供体进行核移植，并且在与卵细胞相融合前可对这些供体细胞进行一系列复杂的遗传操作，从而为大规模复制动物优良品种和生产转基因动物提供了有效方法。

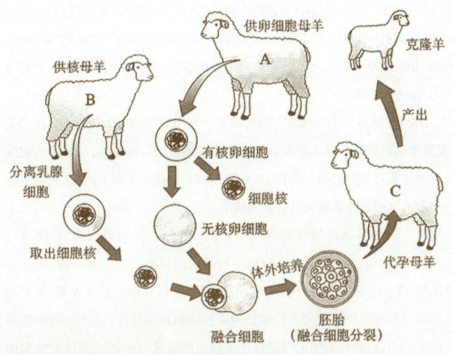

图 5-2 克隆羊过程示意图

克隆羊"多莉"的诞生在全世界掀起了克隆研究热潮，随后，有关克隆动物的报道接连不断。1997 年 3 月，即公布"多莉"培育成功后近 1 个月的时间里，美国、中国台湾和澳大利亚科学家分别发表了他们成功克隆猴子、猪和牛的消息。不过，他们都是采用胚胎细胞进行克隆，其意义不能与"多莉"相比。同年 7 月，罗斯林研究所和 PPL 公司宣布用基因改造过的胎儿成纤维细

胞克隆出世界上第一头带有人类基因的转基因绵羊"波莉"（Polly）。这一成果显示了克隆技术在培育转基因动物方面的巨大应用价值。

1998年7月，美国夏威夷大学课题组：由小鼠卵丘细胞克隆了27只成活小鼠，其中7只是由克隆小鼠再次克隆的后代，这是继"多莉"以后的第二批哺乳动物体细胞核移植后代。此外，这个课题组采用了与"多莉"不同的、新的、相对简单的且成功率较高的克隆技术，这一技术以该大学所在地而命名为"檀香山技术"。

2000年6月，中国西北农林科技大学利用成年山羊体细胞克隆出两只"克隆羊"，但其中一只因呼吸系统发育不良而早夭。据介绍，所采用的克隆技术为该研究组自己研究所得，与克隆"多莉"的技术完全不同，这表明中国科学家也掌握了体细胞克隆的尖端技术。

在不同种间进行细胞核移植实验也取得了一些可喜成果，1998年1月，美国威斯康星大学麦迪逊分校的科学家们以牛的卵子为受体，成功克隆出猪、牛、羊、鼠和猕猴5种哺乳动物的胚胎，这一研究结果表明，某个物种的未受精卵可以同取自多种动物的成熟细胞核相结合。虽然这些胚胎都流产了，但它对异种克隆的可能性作了有益的尝试。1999年，美国科学家用牛卵子克隆出珍稀动物盘羊的胚胎，中国科学家也用兔卵子克隆了大熊猫的早期胚胎，这些成果说明克隆技术有可能成为保护和拯救濒危动物的一条新途径。

二、中国克隆大事记

我国在克隆技术方面颇有成就。

1961年3月朱冼教授通过胚胎核移植培育成功没有外祖父的癞蛤蟆。

20世纪70年代,中国组织胚胎学家童第周教授用鱼囊胚细胞核移植得到首批生物工程克隆鱼,后又获得远缘克隆鱼。

1990年,中国科学院发育生物研究所杜淼获得了克隆兔。西北农业大学张涌克隆山羊成功。

1991年,江苏农业科学院克隆兔成功。

1993年,中科院发育生物研究所和扬州大学农学院合作获得胚胎核移植的克隆山羊。

1995年,华南师范大学和广西农业大学克隆牛,西北农林科技大学克隆猪均获成功。

1996年,中国农业科学院的克隆牛、东北农业大学的克隆兔以及湖南医科大学人类生殖工程研究室的克隆小鼠获得成功。

以上所进行的都是胚胎细胞的核移植克隆方法,而不是像"多莉"是由体细胞核移植克隆所得。以下是利用基因重组技术获得的克隆动物。

1999年2月诞生了第一头携带有人血清白蛋白基因的小公牛,这是曾溢滔院士课题组的研究成果。通过配种繁育,可使它的雌性后代分泌含有人血清白蛋白的牛奶。

2000 年 6 月，中国农业大学又成功地培育出 4 只导入人抗胰蛋白酶基因的转基因羊。

2001 年 7 月，湖北农科院又成功培育了 3 头转基因猪，能从猪的血液中提取人血清白蛋白，其中提取量最高的达 20.3 克／升。

2001 年 8 月，西北农林科技大学中国克隆动物基地的体细胞克隆山羊"阳阳"成功产下一对"龙凤胎"。

2001 年 11 月，山东莱阳农学院用皮肤细胞培育的克隆牛"康康"和"双双"诞生。

三、克隆人来了吗?

古代神话里孙悟空用自己的汗毛变成无数个小孙悟空的离奇故事，表达了人类对复制自身的幻想。20 世纪初，韦伯(H. J. Webber)创造了"克隆"这一词，其含义指由单个祖先个体经过无性繁殖而产生的其他个体。1938 年，德国科学家首次提出了哺乳动物克隆的思想。1963 年 J·B·S·霍尔丹(J·B·S·Haldane)在题为"人类种族在未来两万年的生物可能性"的演讲上采用"克隆(Clone)"的术语。1978 年，美国科幻小说家罗维克(D.Rorvick)写了一本名叫《克隆人》(The Cloning of a Man,该书中文译名为《复制人》)的书，内容是一位富商将自己体细胞核移植到一枚去核卵中，然后将其在体外卵裂成的胚胎移植到母体子宫中，经过足月的怀孕，最后生下了一个健康的男婴,这个男婴就是那位提供体细胞核商人的克隆人。1996 年，体细胞克隆羊"多莉"

出世后,克隆迅速成为世人关注的焦点,人们不禁疑问:我们会不会跟在羊的后面? 这种疑问让所有人惶惑不安。然而,反对克隆的喧嚣声没有抵过科学家的执着追求,伴随着牛、鼠、猪乃至猴这种与人类生物特征最为相近的灵长类动物陆续被克隆成功,人们已经相信,总有一天,科学家会用人类的一个细胞复制出与提供细胞者一模一样的人来。

克隆人,真的如潘多拉盒子里的魔鬼一样可怕吗?

实际上,人们不能接受克隆人实验的最主要原因,在于传统伦理道德观念的阻碍。千百年来,人类一直遵循着有性繁殖方式,而克隆人却是实验室里的产物,是在人为操纵下制造出来的生命。尤其在西方,"抛弃了上帝,拆离了亚当与夏娃"的克隆,更是遭到了许多宗教组织的反对。而且,克隆人与被克隆人之间的关系也有悖于传统的由血缘确定亲缘的伦理方式。所有这些,都使得克隆人无法

图 5-3 克隆人

在人类传统伦理道德里找到合适的安身之地。但是,正如中科院院士何祚庥所言:"克隆人出现的伦理问题应该正视,但模拟克隆人没有理由因此而反对科技的进步。"人类社会自身的发展告诉我们,科技带动人们的观念更新是历史的进步,而以陈旧的观念来束缚科技发展,则是僵化。历史上输血技术、器官移植等,都曾经带来极大的伦理争论,而首位试管婴儿于 1978 年出生时,更是掀起了轩然大波。现在,人们已经能够正确地对待这一切了。这表

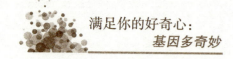

明，在科技发展面前不断更新的思想观念并没有给人类带来灾难，相反地，它造福了人类。就克隆技术而言，"治疗性克隆"将会在生产移植器官和攻克疾病等方面获得突破，给生物技术和医学技术带来革命性的变化。比如，当你的女儿需要骨髓移植而没有人能为她提供；当你不幸失去 5 岁的孩子而无法摆脱痛苦；当你想养育自己的孩子又无法生育……也许你就能够体会到克隆的巨大科学价值和现实意义。治疗性克隆的研究和完整克隆人的实验之间是相辅相成、互为促进的，治疗性克隆所指向的终点就是完整克隆人的出现，如果加以正确的利用，它们都可以而且应该为人类社会带来福音。

科学从来都是一把双刃剑。但是，某项科技进步是否真正有益于人类，关键在于人类如何对待和应用它，而不能因为暂时不合情理就因噎废食。克隆技术确实可能和原子能技术一样，既能造福人类，也可祸害无穷。但"技术恐惧"的实质，是对错误运用技术的恐惧，而不是对技术本身的恐惧。目前，世界各国对克隆人的态度多有"暧昧"，英国去年以超过三分之二的多数票通过了允许克隆人类早期胚胎的法案，而在美国、德国、澳大利亚，也逐渐听到了要求放松对治疗性克隆限制的声音。可以说，哪一个国家首先掌握了克隆人的技术，就意味着这个国家拥有了优势和主动，而起步晚的国家可能因此而遭受现在还无法预测的损失。如同当年美国首先掌握了原子能技术，虽然这项技术从一开始便展现着它罪恶的一面，但后来各国又不得不加紧这方面的研究和实验。单从这个角度上讲，对克隆人实验采取简单否定的态度也是值得探讨的。

至于人们担忧克隆技术一旦成熟，会有用心不良者克隆出千百个"希特勒"，或者克隆出另一个名人来混淆视听，则是对克隆的误解。克隆人被复制的只是遗传特征,而受后天环境里诸多因素影响的思维、性格等社会属性不可能完全一样,即克隆技术无论怎样发展,也只能克隆人的肉体,而不能克隆人的灵魂,而且,克隆人与被克隆人之间还有着年龄上的差距。因此,所谓克隆人并不是人的完全复制,历史人物不会复生,现实人物也不必担心多出一个"自我"来。

如此说来,克隆人并不是潘多拉盒子里的魔鬼,它的所谓"可怕"不过是人们基于传统伦理道德观念之上的偏见和误解。也许,现在人们迫切需要做的,是以严肃的科学态度理性地看待克隆人,通过讨论达成共识,加快有关克隆人的立法,将其纳入严格的规范化管理之中。

克隆技术犹如原子能技术,是一把双刃剑,剑柄掌握在人类手中。人类应该采取联合行动,避免"克隆人"的出现,使克隆技术造福于人类社会。

趣味链接:9000 年前的猛犸象能否复活?

美国"国家地理新闻频道"曾经报道称,日本基因科学家计划利用基因技术让史前生物披毛猛犸象重现世间,并再造一座侏罗纪公园来收容各种"复活"的物种。

猛犸象最早出现在 400 万年前的非洲大陆上,披毛猛犸象则主要生活在西伯利亚。冰川期的岩洞壁画中绘有这种庞然大物,它肩高 3.4 米,重达 7 吨。莫斯科生态及进化研究所的猛犸象研究专家安德瑞说:"我们的祖先不

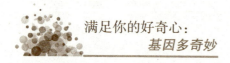
但和猛犸象休戚与共,甚至还捕猎它们,这真难以想象。"

目前西伯利亚的永冻层里埋藏着大约 1000 万只保存极好的猛犸象遗骸,日本科学家希望可以利用这些猛犸象化石中的生殖组织,在其现代近亲亚洲象体内繁殖,克隆出猛犸象个体,最终实现他们建设一个侏罗纪公园的设想。日本近畿大学的基因工程部主任认为这一方案完全可行。

然而现在最大的挑战是必须找到能繁衍后代的披毛猛犸象 DNA,虽然在人烟稀少的西伯利亚搜寻一个完整的披毛猛犸象细胞好似海底捞针,科学家表示可以利用一种先进的手段,从冰层下的披毛猛犸象遗骸上提取 DNA,而且他们已经在北西伯利亚为未来的新生猛犸象找到了一片家园。这个复制出来的古生态公园还能容纳巨鹿等其他灭绝的物种。

然而许多专家对这个主意嗤之以鼻,说它科学上行不通,道德上不负责。"古生物的 DNA 早就成了碎片,我们现在不可能集齐这成千上万的碎片来孕育一只小猛犸象。即使能找到完整的细胞,也不能保证它是健康的,如果基因有错误,那就会导致出生缺陷。"英国伦敦学院大学的一位古生物学家说,"而且自然的猛犸象栖息地也不复存在了,复活一个物种使之成为热门的旅游景点,这道德吗?"

针对复活猛犸象问题,科学界有多种不同意见。一直以来,多国科学家致力于猛犸象的研究,并希望有一天能利用现代克隆技术将猛犸象复活。俄罗斯科学家在 1989 年就着手在西伯利亚建立"侏罗纪公园",希望重现猛犸象所存在的冰河时期的生态环境,将这里打造成为猛犸象的侏罗纪公园。

2008 年,一些科学家称,他们通过对从一具冰冻的猛犸象骸骨中提取的 DNA 样本分析,已破译了大约 3000 万个"字母"的遗传密码,尽管这只相当于全部遗传密码的1%左右。国际科学家小组成员、美国宾夕法尼亚州立大学斯蒂芬妮·舒斯特博士在《科学》杂志上宣布了他们最新研究成果。尽管对于猛犸象的复活，质疑声一直不断，但是成功破译猛犸象遗传密码显然已经重新燃起科学家对克隆猛犸象的兴趣。

2008年11月20日，英国《每日邮报》报道，美国科学家通过一团猛犸象的毛发，成功破译出这个史前庞然大物80%的基因组。尽管这是一团毫无光泽的毛发，却使科学家在复活猛犸象的道路上又向前迈进了一步。

一些研究人员建议使用冰冻猛犸象尸体的皮肤或毛发克隆猛犸象。领导此项研究的宾夕法尼亚州立大学教授斯蒂芬妮·舒斯特博士说："从理论上讲，通过破译这个基因组，我们可以获取重要的信息，将来有一天，只要将独特的猛犸象DNA序列融入现代象的基因组中，这些信息或能帮助其他研究人员复活猛犸象。"

但是，西澳大利亚默多克大学古生物DNA实验室主任迈克尔·邦斯博士给舒斯特教授泼了一瓢凉水。他说："掌握某种生物的DNA代码并不意味着我们可以通过遗传手段实现重造灭绝生物体的美好愿望。"

有科学家指出复活猛犸象有三大难题

难题一：提取没有发生变质和损伤的DNA。科学家若将猛犸象克隆成功，一定要确保从冰冻的猛犸象遗骸中提取完整的DNA，而且DNA要保持原有的活性。但从早已灭绝的猛犸象遗骸上取得的DNA是支离破碎的。想拼凑完整的可能性不大。如果细胞核受到损伤，克隆的可能性就非常小了。

难题二：细胞核移植的技术难题。有了完整的细胞核，接下来就是要找

到匹配的卵细胞。这可以在现代动物中找到和猛犸象血缘关系最近的近亲，比如非洲象。提取雌象的卵细胞，然后把猛犸象的细胞核移植到卵细胞中。但是只有从活的细胞中取出细胞核，然后再将该细胞核植入去核的卵细胞中，才有可能将猛犸象克隆成功。

难题三：借腹怀胎难以控制排斥反应。新的细胞分裂发育成胚胎后，面临的问题就是为猛犸象找到合适的代孕妈妈。借腹怀胎面临的最大难关是如何让猛犸象胚胎在代孕妈妈子宫内着床、发育直至顺利生下猛犸象。对于移植过来的胚胎，母体势必会产生免疫排斥反应，猛犸象胚胎可能在还没有形成器官前就被消灭掉。

猛犸象的复活计划现在看来还只是迈出了一小步，还有很长的路要走，面临的困难也非常多。但是如果能通过克隆技术成功复活猛犸象，对于拯救濒危动物是非常有利的，这将是科学史上一大突破性进展。有专家称，克隆技术可能成为濒危物种延续种族的唯一希望。

2009年，猛犸象巡展负责人透露，日本的专家曾经对皮毛血肉俱全的大卡进行过特殊的扫描："结果让人惊讶，大卡脑子里的部分脑干细胞居然是活跃状态。"至此，复活猛犸象的计划不再是个天方夜谭，再次被提到了日程上来。

大约每一个科学迷都会满怀激动地问："当我们破译了全套遗传信息之后，是不是可以克隆一头猛犸象呢？"

要克隆猛犸象，仅知道50%~70%的基因序列是不够的。不过猛犸象毛发样品丰富，基因测序技术也日渐完善，只要科学家们拿到足够科研基金，总有一天会破译出100%的遗传信息。经过与现存大象基因组的比对，也能最终把基因顺序、每条染色体的组成都弄明白。那么下一步就是依照基因序列，合成 DNA，创建染色体。这可不容易，迄今为止科学家合成的最长的 DNA 也不过含有 58 万个碱基对。猛犸象如果和非洲象一样，含有 40 多亿碱基对，56 条染色体的话，平均下来需要合成的每条 DNA 大分子将含有近一亿对碱基，比现有纪录要高出 200 倍！

合成好遗传物质后，下面的工作将更为棘手。首先要把所有的染色体包裹成一个细胞核。美国加州大学圣迭戈分校的道格拉斯·福布斯建议把合成的染色体放入非洲爪蟾的细胞提取物中，科学实验已经证明，在合适的条件下，染色体能自行组装成细胞核。那么，如何把细胞核导入卵子之中呢？首先，要采集卵子就大大不易。且不说大象差不多每 4 个月才排出一颗卵子，光看看它庞大的身躯，深埋在体表半米之下的卵巢，再加上通向卵巢道路上厚达 1.3 米，连交配后都不破裂，仅开一小口的产道，就知道要得到这颗卵子有多么不容易。还好，科学家们发现，可以将死象身上的卵巢组织取下冷冻起来，需要时移植到其他实验室动物，譬如老鼠身上，加以激素调节，也有可能产生健康的卵子。

最后，科学家们将把在青蛙细胞提取物里组装好的猛犸细胞核，移植到小老鼠身上生成的大象卵子之中，再通过不可思议的奇妙手术，把这颗受精卵送到大象的子宫内。经过漫长的两年怀胎，如果一切顺利，一头灰色的非洲母象将发现自己刚刚生下一头长着长毛的小小猛犸象。

如果真有一天，一只小猛犸象诞生了，它将如何面对这个世界呢？也许它将在科学研究所的高墙和玻璃窗后度过一生？也许它将望着那些它祖先从未见过的衣冠楚楚的人类发愣？也许它会不甘寂寞，会咆哮、暴躁、困惑、

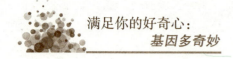

忧郁、试着找寻其他猛犸象？也许它会在疾病和孤单中默默死去？

但也许，人们太悲观了，它或许还是有地方可去。从 1989 年开始，俄罗斯的科学家塞尔盖·兹莫夫在西伯利亚东北部的切尔斯基市发起重建"侏罗纪公园"的计划。在这一片方圆 160 千米的土地上，更新世末期的许多植被完好地保留下来。日本和俄罗斯的科学家在过去的几年中，已经往该地区重新引入了驯鹿、驼鹿、麝香鹿、库亚特野马等数种曾与猛犸象一起活跃在万年前的动物。据称，当该地食草动物的数量和植被分布相对稳定之后，科学家们还打算引进一些大型食肉动物，如西伯利亚虎，以期构建更为完整的生态圈。

第六章 生命的神话——基因工程

一、给基因做做手术——基因工程

基因工程是生物工程的一个重要分支，它和细胞工程、酶工程、蛋白质工程和微生物工程共同组成了生物工程。所谓基因工程（Genetic Engineering）是在分子水平上对基因进行操作的复杂技术，是将外源基因通过体外重组后导入受体细胞内，使这个基因能在受体细胞内复制、转录、翻译、表达的操作。它是用人为的方法将所需要的某一供体生物的遗传物质——DNA 大分子提取出

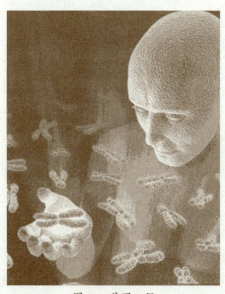

图 6-1 基因工程

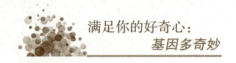

来，在离体条件下用适当的工具酶进行切割后，把它与作为载体的 DNA 分子连接起来，然后与载体一起导入某一更易生长、繁殖的受体细胞中，以让外源物质在其中"安家落户"，进行正常的复制和表达，从而获得新物种的一种崭新技术。它克服了远缘杂交的不亲和障碍。

1974 年，波兰遗传学家斯吉巴尔斯基（Waclaw Szybalski）称基因重组技术为合成生物学概念，1978 年，诺贝尔生理或医学奖颁给发现 DNA 限制酶的纳森斯（Daniel Nathans）、亚伯（Werner Arber）与史密斯（Hamilton Smith）时，斯吉巴尔斯基在《基因》期刊中写道：限制酶将带领我们进入合成生物学的新时代。2000 年，国际上重新提出合成生物学概念，并定义为基于系统生物学原理的基因工程。

一般来说，基因工程是指在基因水平上的遗传工程，它是用人为方法将所需要的某一供体生物的遗传物质——DNA 大分子提取出来，在离体条件下用适当的工具酶进行切割后，把它与作为载体的 DNA 分子连接起来，然后与载体一起导入某一更易生长、繁殖的受体细胞中，以让外源遗传物质在其中"安家落户"，进行正常复制和表达，从而获得新物种的一种崭新的育种技术。这个定义表明，基因工程具有以下几个重要特征：首先，外源核酸分子在不同的寄主生物中进行繁殖，能够跨越天然物种屏障，把来自任何一种生物的基因放置到新的生物中，而这种生物可以与原来生物毫无亲缘关系，这种能力是基因工程的第一个重要特征。第二个特征是，一种确定的 DNA 小片段在新的寄主细胞中进行扩增，这样实现很少量 DNA 样品"拷贝"出大量的 DNA，而且是大量没有污染任何其他 DNA 序列的、绝对纯净的 DNA 分子群体。科学家将改变人类生殖细胞 DNA 的技术称为"基因系治疗"（Germlinetherapy），通常所说的"基因工程"则是针对改变动植物生殖细胞的。无论称谓如何，改变个体生殖细胞的 DNA 都将可能使其后代发生同样的改变。

二、转基因动植物——基因工程与农业

（一）新"绿色革命"的序幕已经拉开

有人认为，到目前为止农业已进行了两次革命：第一次农业革命主要特征是在农业生产中以畜力代替人力；第二次农业革命发生在 1950～1975 年间，主要特征是以机器代替畜力，同时伴随着灌溉、化肥、农药、除草剂、人工授精和杂交育种等新技术的应用。基因工程的应用，将会引起第三次农业革命。

图 6-2 一株转基因玉米

也有人把 20 世纪 60 年代墨西哥矮壮小麦和菲律宾矮秆水稻这两类优良品种的推广应用,称作是一次"绿色革命"。因为这两类优良品种具有高产和抗倒伏的特点,使许多发展中国家的小麦和水稻产量大幅度提高,并收到了非常明显的经济效益。但是这些高产矮秆品种也有一些缺点,即它们都需要高水肥的优越条件,种子蛋白的含量有所降低,且抗病力也不太强。因此,这次"绿色革命"只取得了部分成功,而没有产生世界范围的重大影响。

20 世纪 70 年代兴起的基因工程技术强烈地影响着世界农业。很多人预言,基因工程在农业中的应用,将会引起新的"绿色革命"。专家指出,由于全球人口的压力增大和人口老龄化,基因工程改良作物已成为发展的必然趋势。最近几年,一些国家将转基因技术运用于农业,取得了很大的成绩。1997 年,全世界转基因作物的播种面积约为 1250 万公顷,1998 年便上升到 2781 万公顷。美国是转基因技术采用最多的国家。1998 年,美国 30% 的大豆地、25% 的玉米地和 40% 的棉花地播种了转基因种子, 种植面积达 2000 万公顷,约占全球的 70%。除了美国外,阿根廷、加拿大也是转基因农业发展迅速的国家。

(二)植物基因工程是怎样进行的

20 世纪初,科学家发现很多双子叶植物在根茎交接处形成的根瘤,是由一种叫做"根瘤土壤杆菌"的细菌感染引起的。直到 1974 年,才真正搞清楚这种细菌诱发植物根瘤的机理。原来在"根瘤土壤杆菌"的细胞中,含有一种能致癌的质粒,分子量相当于染色体 DNA 的 4% 左右,叫做"致癌质粒"(Ti 质粒)。当细菌感染植物的伤口细胞时,便把大约 1／10Ti 质粒的一小段 DNA (称为 T-DNA)注入到植物细胞中,并与寄主的细胞核 DNA 整合在一起,由此使植物细胞根瘤化。与此同时，细胞接受来自 T-DNA 的遗传指令，合成出一类植物细胞中本来不存在的碱性氨基酸衍生物(如章鱼碱或蓝曙红)，供感染细菌作为养料使用。也就是说，"根瘤土壤杆菌"能把它自己的基因插入到植物细胞中，并使之表达，实际上起到了天然"基因工程师"的作用。于是人们便想到：能不能把产生有利性状的基因连接到 T-DNA 上，然后使之在植物细胞中表达呢？现在看来，这是完全办得到的。但目前只能做到让某些抗生素抗性基因在完整植株中表达，与农作物优良性状有关的基因还做不到这一点，如菜豆的储存蛋白基因只能做到在向日葵的培养细胞中表达的水平。

该过程大体上可分为 4 个步骤：首先，用基因工程技术制备一种包括目的基因、卡那霉素抗性基因以及 T-DNA 片段的重组质粒，并转入到大肠杆菌中。接着，通过细菌的接合作用，使质粒从大肠杆菌转移到"根瘤土壤杆菌"中，在那里与 Ti 质粒发生双交换作用，重组质粒上包括目的基因和抗药基因在内的一段 DNA 序列转移到 Ti 质粒上，并使 Ti 质粒的致瘤基因失活，重组质粒也由于不能复制而丢失。然后，选择那些在含卡那霉素培养基上能生长的"根瘤土壤杆菌"去感染植物细胞，Ti 质粒上的 T-DNA、目的基因和抗药基因一起插入到植物细胞的染色体中。最后，用这样的植物细胞进行培养，并使它们长成健全的植株，在这些植株的细胞中也含有上述 T-DNA、目的基因和抗药基因。

在农业中，有三方面的问题可望用基因工程解决：一是提高作物的固氮能力，减少对化肥的需求；二是增强光合作用效率，提高粮食产量；三是改变种子的氨基酸成分，提高农产品的营养价值。

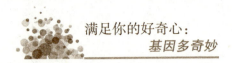
　　氮是合成生物体主要构成成分——蛋白质和核酸的必要元素，一般作物都需要通过施肥提供氮源。但是在某些豆科植物，如花生和大豆的根瘤中存在的根瘤菌能固定空气中的游离氮，为作物提供部分氮源。能不能通过基因工程把不具固氮能力的作物变成能够固氮的作物呢？这可以从两方面入手：一种途径是把豆科植物的固氮基因转移到其他作物中去；另一种途径是改变固氮菌的遗传结构，使它能与非豆科作物的根结合，从而使作物获得固氮能力。现在看来，把非固氮作物转变成固氮作物还面临许多困难。作为一种尝试，科学家已经把肺炎克氏杆菌决定固氮能力的 17 个基因转移到大肠杆菌中，使大肠杆菌获得了固氮能力。但是当把这 17 个基因转移到酵母细胞后，酵母并未获得固氮能力。这表明要把原核生物的固氮基因引入到真核生物并使之表达，还有大量的工作要做。有人估计，再过 10 年，固氮基因向非豆科作物的转移和表达有可能成功。

　　农作物通过光合作用将大气中的 CO_2 转化成碳水化合物。不同的作物光合作用效率不尽相同，如果能将光合作用效率较高的作物中的决定光合作用酶的基因转移到光合作用效率较低的作物中，便有可能使光合作用效率提高，从而提高作物的单位面积产量。美国科学家已经分离出 5 种控制细菌光合作用第一步反应的基因，使这方面的研究有了一个良好的开端。

　　关于提高农产品营养价值的研究，也是一个重大课题。实验证明，有 8 种氨基酸是人类细胞不能合成的，必须从食物中取得，叫必需氨基酸。人体如果缺少这 8 种氨基酸，蛋白质合成就不能进行。大多数玉米中缺乏赖氨酸，如果仅以玉米为食，就会出现赖氨酸缺乏症。通过基因工作，可以给编码蛋白质的基因加上所缺乏的氨基酸的密码子，也可以引入 1 种新基因，使编码出的蛋白质富含所缺的那种氨基酸。

目前,关于植物基因工程的基因运载体问题已基本解决,但尚有两个难题阻碍了这方面研究的顺利进行。一是许多重要作物还不能从培养细胞再生成植株;二是大部分现有作物品种的优良性状都是由多基因控制的,人们对这些性状的分子基础还缺乏了解。因此,培养细胞再生植株的研究和植物分子遗传学的研究,已成为植物基因工程的当务之急。当然,对基因运载体的研究也应进一步加强。

(三)基因工程与家畜改良

基因工程为家畜的品种改良开辟了新的途径。以往的品种改良一直是沿用择优配种的简单办法,用这种方法所产生的新品种,其基因型的改变是很有限的,很难产生出对人类非常有利的变异。但基因工程可以打破物种之间的界限,实现不同物种之间的基因转移,所以容易得到较大的变异。如可

图6-3 一条转基因鳟鱼

以给家畜增加一些新基因，从更长远来讲，可以考虑把一个物种的基因转移给另一个物种。

可以用两种方法进行家畜的基因工程：一种是先分离出有关的基因，同时给这种基因接上与转录、翻译和调节作用有关的DNA序列，然后用这样的DNA去转化家畜的培养细胞，再将转化细胞插入早期胚胎，形成"嵌合"个体。也就是说，在发育起来的个体中，有些细胞含有外源基因，有些细胞没有外源基因。这样，某些转化细胞会偶尔在"嵌合"个体的睾丸或卵巢中出现，由"嵌合"个体交配所产生的后代有可能含有可表达的外源基因。第二种方法是使目的基因先在细菌中无性繁殖，然后提取出来，注射到刚受精的卵中，有一些基因可能被插入到卵的染色体上。由这样的卵发育起来的个体能使用外源基因得到表达，从而使动物获得新的遗传性状。目前看来，这种方法比第一种方法发展得要快一些。

1983年初，美国《新闻周刊》报道，科学家把大鼠的开关DNA连接起来，然后注射到小鼠的受精卵中，再把这些卵放回母小鼠的子宫内使之发育。在出生的小鼠中，有一些带有大鼠的生长激素基因，个头比普通小鼠大20%~80%，生长速度快2~3倍。更重要的是这个性状可以遗传给下一代。通过遗传工程得到的大个小鼠，人们称之为巨型小鼠。

1983年底，又有人把人的生长激素基因用上述方法转移给小鼠，使得小鼠奇迹般地生长，体重比普通小鼠重1倍。研究动物基因转移的目的是为了了解基因的控制和表达机制，并探索用这一技术提高家畜产量和品质的可能性。目前，科学家正在进行把人的生长激素基因转移给牛、羊、猪等家畜的实验，以期使这些家畜长得更快、更大。

这些结果是在哺乳动物的遗传操作中迈出的鼓舞人心的第一步。只有在更多地了解这类动物的基因调节和表达机制的基础上，才能取得更进一步的发展。对于家禽的遗传操作探讨得还较少，有待我们去研究。但是无论如何操作，基因工程的生物安全性问题都是极为重要与十分关键的。

(四)初露头角，大有可为

上面所讲的都是通过直接的遗传操作改良动植物的品种，从而达到增加产量或提高品质的目的。基因工程对农业的贡献还有一些间接起作用的例子，如通过微生物的基因工程而获得可以应用于农业的产物。

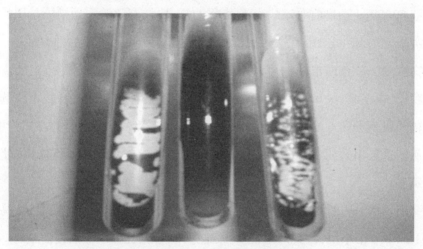

图 6-4 一种基因工程菌

用基因工程菌生产能防治动物疾病的疫苗，已经取得经济效益。1982 年防治猪和牛等幼畜腹泻病的疫苗在欧洲市场上出售后，很快被抢购一空。幼畜腹泻病由一种致病的大肠杆菌引起，死亡率达 70%~80%，接种疫苗后死亡率可减少到 10%。口蹄疫是一种由病毒引起的疾病，死亡率也很高，国外

用基因工程菌生产的口蹄疫疫苗正在进行试用,不久即可投放市场。

用微生物生产动物生长激素,可能会给家畜饲养业带来革命性的变化。这类生长激素可能比医用的人类生长激素试验速度快,应用范围广。现在正进行现场试验的有用于提高牛奶产量的牛生长激素和促进肉鸡生长的鸡生长激素。如果能使牛奶产量提高 10% 或肉鸡生长时间缩短 10%,这将会带来高效率的资金利用。

基因工程还可以用于无病毒马铃薯的选种。有一种很小的病毒,叫马铃薯纤块茎类病毒,它感染马铃薯以后,使薯块破裂,成纺锤形,严重时可减产 50% 以上。目前对该病尚无根治办法。比较有效的一项措施是用特殊的实验方法,检测出带有这些病毒的种薯,选择那些无病毒的种薯种植。用生物检测法或核酸电泳法可以检测出这种病毒。但操作步骤复杂,所需时间较长,成本高,灵敏度低。美国科学家发明了一种用基因工程技术筛选马铃薯纤块茎类病毒的方法,此法简便、快速、灵敏度高。他们首先在试管中,用逆转录法由病毒 RNA 合成出 cDNA,然后将 cDNA 插入大肠杆菌,使之增殖。

把 cDNA 从细菌中提取出来,并用放射性核素进行标记。同时,从马铃薯上取下一个小块,将其匀浆,使匀浆通过一种薄膜滤纸,然后使滤纸与 cDNA 一起保温。如果马铃薯样品块中含有茎类病毒,滤纸就能把带有放射性标记的 cDNA 吸附上,通过放射自显影,在相片上显示出黑点。如果不含茎类病毒,相片上就不出现黑点。选择那些不含茎类病毒的马铃薯作种子,便可大大提高马铃薯的产量。

用基因工程菌使农作物免遭冻害的实验也取得了成功。全世界每年因冻害引起的农作物减产损失可达几十亿美元。农作物遭冻害是由细菌的催冻凝冰作用引起的。科学家从一种催冻细菌中分离出 DNA 片段,用基因工程技术把这些片段插入到大肠杆菌中,然后挑选出能形成冰晶的大肠杆菌,并鉴定它们的催冻基因,接着用不含催冻基因的 DNA 片段去置换含有催冻基因的片段,由此得到失去了催冻功能的细菌。把这种细菌喷洒到田间作物上,使之成为优势菌,从而挤掉天然的催冻细菌,可使作物的抗冻能力提高5 倍以上。这一研究已在实验室取得成功,不久将进行大田试验。但也有人担心防冻细菌的大量使用可能会干扰正常的气候,因而对这类试验应持慎重态度。

三、人类的福音——基因工程与医疗

(一)用于遗传病诊断的 DNA 技术——基因诊断

几个世纪以来,医生对疾病的诊断,一直依靠自己的经验和各种辅助检查进行综合分析,这是一种基于普遍性原则的归纳、类比和推理过程。由于个体之间遗传背景的差异和生活环境的不同,同一种疾病的表现千差万别,不同疾病具有同一表现也时有发生,因此,在客观上,医生作出的诊断往往不能做到百分之百的准确。

而基因诊断则完全不同, 它是一种强调特异性的高度个体化的诊断方法,可以将每个人的一个或几个基因的分子改变与疾病表现联系到一起,做到从根本上了解病因和疾病的进展,达到准确诊断、指导治疗的目的。

从本质上说，一切疾病都是由于自身基因的病变或外来基因的侵入造成的。自身基因的病变可导致各种遗传病、肿瘤和自身免疫病等，大量病原体携带外来基因侵入人体可引发各种感染性疾病。以往医生需等到症状出现或借助仪器发

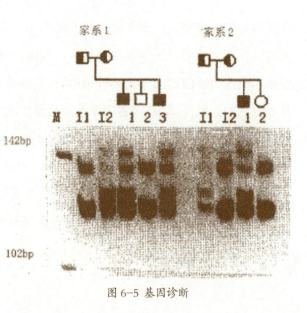

图 6-5 基因诊断

现病变以后才能够作出诊断。基因诊断则可以在病变只存在于几个细胞中，根本没有症状或高分辨力 B 超都察觉不了的情况下发挥作用。只要你曾在致病菌环境里暴露过，曾经患过肿瘤或家族中出现过某种遗传性疾病，就可以通过一滴血、一根头发、漱口水或尿液，在数分钟至数小时内完成分子水平的精确诊断。随着生命科学和信息技术的融合，基因诊断将走出实验室进入社区和家庭，其结果通过网络输入资料库，再由专家作出诊断并提供远程咨询。

遗传病有数千种之多，以往通过染色体检查和生化分析只能在出生前查出一小部分，如果用基因诊断就可以全部检出。基因诊断一般可以在妇女孕期取宫内的绒毛或羊水，提取 DNA 和 RNA，通过基因扩增、杂交和测序等手段完成。现已发展到在孕早期从母亲血中分离胎儿有核红细胞的技术，胎

儿接受产前基因诊断时完全不受损伤。

众所周知,肿瘤治疗效果好坏取决于确诊的早晚。临床上经常见到在诊断时已处于中晚期的癌症患者,其5年存活率通常是较低的。随着基因扩增技术的出现和对癌症分子机制的深入了解,对肿瘤实行超早期基因诊断和复发监测将成为可能,此时体内只有区区几个癌细胞或只是癌前期病变,医生就可及时将其杀死。不仅疗效好、费用低、痛苦少,还不会影响自身的免疫功能。相信在不久的将来借助早期基因诊断,人类将不再谈"癌"色变了。

在21世纪,对病原菌进行基因诊断将不再有争议。这不仅由于这项技术本身具有特异性好、灵敏度高和诊断速度快的优势,还在于定量的聚合酶链反应(PCR)的推广和质量控制的不断完善。由于环境变化和抗生素滥用,许多病原体都具有抗药性,甚至出现了一些多重耐药的"超级致病菌"。如果治疗不当,传染病有可能重新成为威胁人类健康的大敌。以高集成、大批量的生物芯片为基础,新一代基因诊断技术已经诞生,能够在很短时期内,一次完成多种病原体的鉴定和多种药物的抗药性分析,及时筛选出最佳药物用于临床。

基因诊断是高度个体化的医疗实践,体现了"以人为本"的精神。可以想象,未来的基因诊断可能发展到每个人在出生后不久就会得到一个"基因身份证",这里记录了你所有的"优秀"基因和"不良"基因,比如何时会患何种病,不宜吃何种食品,不宜与某种人结婚生育后代等信息。由于基因在人群中存在遗传平衡,而且遗传物质有固定的自然突变,这使我们每个人至少都会有3~5个"不良"基因。不过,谁能说有多少现在被认为是不好的基因,在

人类未来的生活中不会变成一种优点呢?

无论如何,作为针对 DNA 和 RNA 分子上变异的检查方法,基因诊断一诞生就显示出强大的生命力。我国人口众多,患病人数和病种多,也意味着基因变异多种多样,这是一种巨大的资源。如果这种资源的优势能够被充分开发和利用,使每个公民、每个家庭对基因和基因诊断有所了解并能普遍接受,我们就有望在本世纪看到我国生命科学和医药卫生事业的腾飞。

(二)用于疾病治疗的 DNA 技术——基因治疗

自从 1989 年人类历史上首例基因治疗临床试验方案在美国被批准实

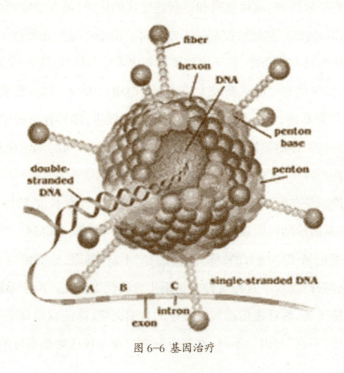

图 6-6 基因治疗

施以来,到目前为止,基因治疗从实验室走向临床试验已整整 20 多年了。

尽管基因治疗仍有许多困难有待克服,但总的趋势是令人鼓舞的,其巨大的开发潜力及应用前景将充分显示出来。正如基因治疗奠基者们当初所预言的那样,基因治疗这一新技术的出现将推动医学的革命性变革。的确,作为一种全新的医学生物学概念与治疗手段,基因治疗正在逐步走向临床,并有望在不久的将来成为一种安全、有效的临床治疗策略而为人们所接受。

基因治疗的途径有两种:一种是对病人进行治疗;另一种是对胚胎进行治疗。

对病人进行基因治疗可按下面的方法进行。首先,分离出准备用于替换缺陷基因的正常基因(如血红蛋白基因),同时从病人体内取出一小部分有病组织(如骨髓),把正常基因加入到有病组织中,用各种技术诱导骨髓靶细胞的细胞核,使它吸收正常基因。然后,把上述进行过遗传操作的细胞再放回到病人体内。如果这些细胞与缺陷细胞相比具有生长优势,就会最终取代缺陷细胞,使疾病得到治疗。但是,只有当满足下述条件时这种治疗才能见效:转移基因需要被异常的靶细胞吸收,并整合到它的染色体上,在那里保持稳定,正常地发挥作用;插入基因还需要受到正常的调控,以便产生适当数量的基因产物;整个操作过程对缺陷细胞和人体必须是无害的。

这种基因替换方案是对体细胞治疗的一种新探讨。在这种治疗中,病人卵巢或精巢中生殖细胞的基因不会受到影响,因为他们的生殖细胞仍然携带着不正常的基因,如果他们能生育的话,根据孟德尔遗传规律仍会把缺陷基因传给某些后代。这种治疗与传统的医药治疗没有什么本质的不同,区别

仅仅是前者的治疗方式是使DNA恢复正常,后者是使用生物制剂、药物或外科手术进行治疗。有些不能用普通医疗方法治疗的遗传病,用基因治疗法则有可能见效。

1980年,美国加利福尼亚大学的一位医学家用重组DNA技术,对两名来自意大利和以色列的重型地中海贫血病患者进行了基因治疗,由于技术上的问题,这次治疗没有成功,但也没有引起不良的作用。对于这项治疗实验,引起了广泛的争论。许多科学家认为,在缺乏充足动物试验的情况下,对人采用基因治疗未免为时过早,无论病情多么严重,在没有任何把握的前提下,拿病人做试验是不道德的。这位医学家曾想在美国进行这项试验,但没能得到人类实验委员会的批准。把一项不能在本国进行的试验在外国患者身上进行,这被许多人所指责。

图6-7 基因治疗

为了弄清基因治疗的细节并确保治疗的安全,也有人认为,首先进行广泛的动物实验是必要的。在决定对一种疾病是否采用新疗法时,疾病的严重程度是一项重要标准。如对于一个生命垂危的患者来说,应当毫不迟疑地采用新的治疗措施,特别是当这种病用常规方法治疗无效时更应如此。对于一个晚期肿瘤患者,如果有新的治疗办法,即使还没有通过动物实验弄清其细节,只要这种疗法在理论上是有根据的,就可以采用。医学先驱者琴纳和巴斯德分别进行了预防天花和狂犬病的研究,他们当时给人做试验时是缺乏我们现在所要求的安全措施的,但他们取得了成功,建立了免疫接种法,拯救了千百万人的生命。

另一种基因治疗方法是胚胎疗法。它与治疗特定组织相比,取得成功的可能性更大些。但有人提出了伦理道德方面的问题,因为胚胎治疗不仅影响患者本人,而且还将影响后代。目前,用实验动物所进行的胚胎治疗实验主要是学术性的,目的是研究引入基因在受体细胞中的整合和表达。

在胚胎治疗中,基因可与病毒 DNA 连接在一起,然后通过感染引入到早期胚胎的细胞中,或者用微量注射技术直接把基因注入胚胎。无论用哪一种方法,受精卵都能接纳新基因,并插入到自己的 DNA 中。在少数实验中,插入基因获得了低水平的表达。然而迄今为止还不能保证插入基因能在正常控制的条件下,按准确的时间、空间和数量行使其功能。

胚胎的基因疗法对人有无应用价值,目前尚未作结论。就人们的心理来说,双亲们宁愿重新怀孕,也不愿对胎儿进行基因治疗操作。一对携带隐性致病基因的夫妇(表现为正常),他们的后代有 75% 的几率是正常的;一对夫妇中有一人携带 1 个显性致病基因(表现为患病),其后代有 50% 的几率是正常的。对于上述两种情况,若接受出生前诊断,就可 100% 地得到正常的

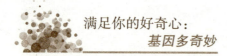

后代。

基因治疗目前虽然还没有提到议事日程上来，但用人的培养细胞和动物所进行的这方面实验，一直在许多实验室加紧进行着。现在已能用基因工程技术建立人的各个染色体的基因文库，由于人类基因组计划的实施，在未来的 2~3 年内，人类基因组图谱将全面完成。随着人类遗传学的发展和基因工程技术的不断改进，人类最终将能够用正常基因更换有缺陷的基因，把一些遗传性的不治之症变为可治之症，这是毋庸置疑的。

四、生命的奥秘——基因工程与生命

生物的基本组成单位是细胞。我们把细胞中的所有 DNA 即全部基因称为基因组。原核生物的基因组比较简单，由一个裸露的 DNA 分子以单个染色体的形式组成，如大肠杆菌的大约 7500 个基因都排列在一个 DNA 分子上。真核生物的基因组则复杂得多，由多个 DNA 分子组成，而且每个 DNA 分子都被包裹在一条染色体内。比如，果蝇有 8 条染色体，玉米有 20 条染色体，人有 46 条染色体。基因数目的巨大和复杂性严重地阻碍了真核生物分子遗传学的研

图 6-8 基因工程研究

究。在 20 世纪 70 年代初以前,除少数情况外,分子遗传学实验仅限于原核生物,对于像真核生物的基因结构和表达,肿瘤的发生、抗体的产生和细胞的分化这些重大的生物学问题, 几乎一无所知。自从基因工程技术诞生以来,可以把任何生物的 DNA 片段分离纯化出来,并可以把它们以重组 DNA 的形式保存在大肠杆菌中,到需要时再从大肠杆菌中把它们分离出来,以便对其结构和功能进行研究。由于有了重组 DNA 这一有力手段,上述生命之谜正在逐渐被揭开。

(一)真核生物的基因结构和表达

原核生物的基因是连续的,基因直接转录成 mRNA。不需要进行额外加工。真核生物的基因是否也是如此呢? 20 世纪 70 年代后期,以重组 DNA 为实验手段证明,真核生物的基因大多数是不连续的,即在有编码意义的 DNA 区段中间插入了一些无编码意义的 DNA 片段,前者叫外显子,后者叫内含子。在许多基因内,内含子比外显子要长得多,有些基因插入 50 个或更多的内含子。在真核生物中,一个基因不仅可能位于一个 DNA 分子的不同区段中,而且有的还可能位于不同的染色体上,如鸡的卵蛋白基因就位于两条染色体的 DNA 上。这种不连续的基因叫隔裂基因。内含子的生物学功能还不十分清楚,很可能与真核生物的发育和进化有关。

重组 DNA 技术还是研究基因表达的有力手段。如启动子是 DNA 分子上能与 RNA 多聚酶结合而使转录开始的区段,在原核生物中启动子与编码区的基因紧密相连,而真核生物的启动子不一定如此。为了研究启动子对基因表达所起的开关作用,可以把所要研究的基因和启动子与适当的质粒载体连接起来,形成重组 DNA,然后引入到细菌细胞中,检查是否有相应的基

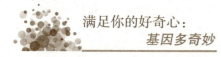

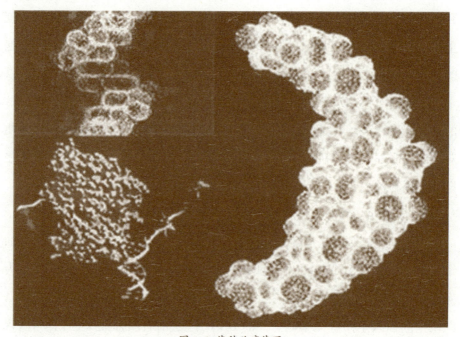

图 6-9 某种致癌基因

因产物产生。有人用这种方法把两个启动子串联起来,以表达人的干扰素基因,其效率可以提高 4 倍多。

(二)致癌基因与肿瘤发生

在癌症发生率持续上升的今天,其病因问题引起了越来越多的人关注。以往,由于研究技术的限制,往往只注意环境因素的作用。近年来,人们通过遗传学技术特别是基因工程技术,对癌症的病因进行了开创性研究。迄今为止,用这种技术已从人的肿瘤细胞中分离出 20 余种致癌基因,用这种致癌基因可将实验室培养的细胞转变成肿瘤细胞。在不同人的结肠肿瘤细胞中分离出了相同的致癌 DNA 片段,而且,在某些肿瘤病毒和正常细胞中都检查出了这种致癌 DNA。那么,含有致癌 DNA 的正常细胞为什么没有发生癌变呢?这可能是由于致癌基因的表达受到抑制,使之不能产生足以使细胞发生癌变的那一数量的蛋白质,从而避免了癌症的发生。而这些不活动的癌基因,一旦在外界病毒或化学致癌物的作用下,就会活动起来,从而把正常细胞转变为癌细胞。肿瘤病毒引起细胞癌变的可能机制是:带有致癌基因的病毒感染人或动物后,致癌基因及其启动子同时插入到寄主细胞染色体中,并产生出相应的 mRNA 和转化蛋白质,于是便引起寄主细胞癌变。不带致癌基因的病毒在感染寄主细胞后,如果病毒 DNA 上启动子插入到细胞 DNA 中,并能使那里的致癌基因转录和翻译的话,也能引起寄主细胞癌变。但是,细胞癌变之谜还远没有被揭开,尚有大量的问题有待我们去探索。

(三)抗体产生的遗传基础

1796 年 5 月的一天,一个小姑娘从奶牛身上感染了牛痘,英国医生琴纳把她手上小脓疱中的脓液划进了一个男孩的右臂,进行了人类史上的第一次牛痘接种。过了一段时间,琴纳又从天花病人身上采了些痘痂上的脓液接种在这个男孩子的身上,结果这个男孩并没有染上天花。这是为什么呢?原来天花是由病毒引起的传染病,这种病毒在牛身上的反应是比较温和的,挤奶小姑娘接触患天花的奶牛后就感染上了牛痘,手指尖便长出一个小脓疱,反应很轻,很快就会好的,而且使体内产生了抵抗天花病毒的抗体,接种小脓疱脓液的男孩也同样产生了抗体,所以就不会染上天花。人类就是这样用产生抗体的办法,来对付许多病原微生物。

据估计,人体具有产生 180 亿种不同抗体的潜力。抗体是一组蛋白链,

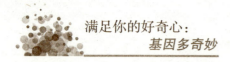

蛋白链的结构是由遗传信息单位——基因决定的，人至多只有 10 万个基因,而且其中只有一部分能确定抗体。基因数目有限和产生抗体能力无限之间的矛盾,几十年来一直使免疫学家和遗传学家大惑不解。

基因工程技术建立之后,使科学家能够分离抗体基因并确定它们的结构,从而抗体多样性之谜开始被揭开。原来,在生殖细胞和早期胚胎细胞中并不存在最终确定各种抗体的基因。但这些细胞却含有一套用于构建抗体基因的 DNA 片段,而且这些片段是不连续的,只是在细胞发育的后期,这些分散的片段才在产生抗体的淋巴细胞中通过重组连接在一起,以构建成不同的抗体基因,并决定形形色色的抗体的产生。

(四)发育和分化之谜

一个胡萝卜细胞,可以培育成一个完整的胡萝卜植株。把取自一个青蛙的囊胚细胞的细胞核移入到一个成熟的并去掉细胞核的卵子里,结果这样的卵子能发育成常态的蝌蚪。能否把人体细胞中的细胞核移入到去掉核的卵子中,使它发育成一个与提供细胞核的那个人一模一样的人呢? 也就是说,能否实现人的无性繁殖呢?生物工程学的发展说明这并不是不可能的。

以上事实说明细胞是"全能"的。对于绝大多数的多细胞动物和植物来说,同一个体中的几乎一切细胞都含有相同全套基因。既然如此,那么人怎样从受精卵发育成胎儿和成人的呢? 由受精卵分裂而产生的细胞又是怎样分化成肾脏、大脑等各种各样的组织器官呢?一个可能的情况是,在不同的时期,细胞里都有一些特定的基因在发生作用,其余大部分基因处于"休眠"状态。发生作用的基因产生特定的蛋白质和酶,从而使细胞发育成不同的组织和器官。那么又是什么在决定哪些基因活动,哪些基因不活动呢?这正是

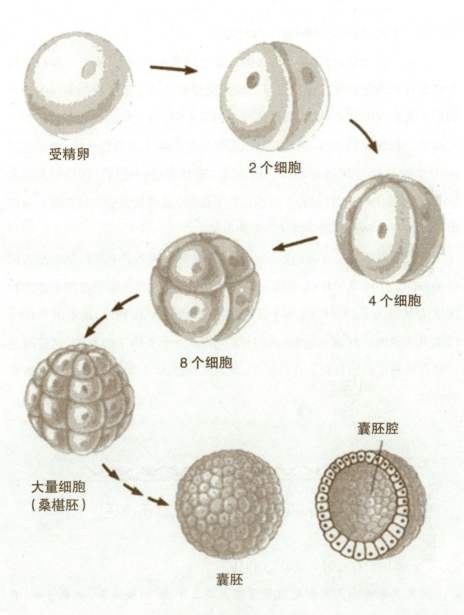

受精卵

2 个细胞

4 个细胞

8 个细胞

大量细胞
（桑椹胚）

囊胚

囊胚腔

图 6-10 生物细胞的发育与分化

MANZU NI DE HAOQIXIN:JIYIN DUO QIMIAO

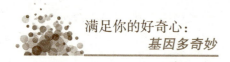

当前分子生物学家亟待解决的一个问题。

目前,对果蝇的特殊基因和解剖特征之间关系的研究,揭开了探讨生物个体发育和细胞分化之谜的序幕。经典遗传学已经鉴定了控制果蝇的翅和腿部正常发育的几套基因,如果这些基因发生突变,果蝇的翅和附肢就会发生改变。现在我们知道,这几套基因都聚集在果蝇1条染色体的,至少包括20万个碱基对的DNA区段中。用基因工程技术已经把这一区段的大部分DNA分离纯化出来,并对各个基因进行了定位。这些研究必将帮助我们最终揭示动物和植物的解剖学特征形成的奥秘。

衰老可以认为是发育的继续。在分子水平上阐明衰老的机制也是人们所关心的一个问题。DNA是指导生命活动的"司令部",衰老过程也必然和DNA有某种关系。是DNA本来就存在一套指导衰老的程序,还是由于DNA的随机改变而出现衰老的呢?我们相信,随着分子生物学的发展,这些问题一定会找到正确的答案。在这其中,基因工程技术将会大显身手,做出重要的贡献。

趣味链接：基因治疗使猴子变成"工作狂"

(一)基因治疗使猴子变成"工作狂"

世界上有许多国家训练猴子帮助人类工作,比如摘苹果、摘椰子等,有的猴子只需训练很短一段时间就能成为工作能手,而有的猴子又懒又笨,干

图6-11 猴子在摘椰子

活磨磨蹭蹭。美国科学家最近通过研究发现,对这些懒猴进行基因治疗则可以让它们变成"工作狂"。

就像人类一样,猴子对得不到好处的工作缺乏兴趣。美国研究人员宣称,只要阻止猴子的一些细胞接受一种叫"多巴胺"的物质,就会让猴子不计得失地努力工作。多巴胺是一种能够携带信息的化学物质,具有传递、反馈信息等重要功能。而一种叫D2的基因是多巴胺的感受器,美国国家精神卫生学会的巴里·理查蒙德博士和他的同事用一种新的基因技术使D2失去作用,就可以让猴子改变工作习性。

理查蒙德用7只恒河猴进行实验,先让它们渴一段时间,然后让他们看

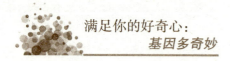
着屏幕上的提示推动杠杆，如果做得好，就给它们几滴水作为奖励。如果能得到奖赏，它们就会干得非常起劲，很少出错，但如果不给它们奖励，它们就会偷懒。可是如果没有多巴胺感受器，它们就会一直工作下去，而且也不怎么出错。

利用这一原理，分子遗传学家爱德华·吉恩斯研制了一种制剂，让脑细胞避开 D2 感受器。他宣称，如果让猴子服用这种制剂，它们在工作中就不会再有能否得到奖励的意识，也就是说，它们会失去"功利心"，工作会变成一种习惯。它们不停地工作，就像一个工作狂一样。药劲过去后，它们才会恢复原来的习性。

(二)上帝已死——基因工程与未来

掌握了基因技术的人类，正在扮演"上帝"。

为什么有的蚂蚁生下来就是蚁后，"养尊处优"只需负责生育？有的蚂蚁却是工蚁，天天得干活，有的蚂蚁天生是兵蚁，得豁出命去"打仗"？以往的解释是这些都是动物的本能，是大自然的选择，但动物的本能从何而来，将来也许可以用基因来解释。

已知的亚洲人和欧洲人在基因序列上有 0.7%~2%序列差异，因此在某些病毒易感程度上出现不同等一系列的现象。即使同是黄种人，汉族人和藏族人基因也存在差异。经过科学家的测定，某个基因的表现型在汉族出现频率只有 5%，但在藏族人群中出现频率达到 95%以上，这个基因可以解释，为什么藏族人更适应在缺氧的高原上生活。

在将来，每个人都可能拥有自己的基因图谱，并且价格也相对低廉。基于基因技术的全新基因医疗很有可能实现。孩子一出世，只要查看基因图谱，就可以预见孩子可能在什么阶段生什么病，甚至是孩子将来的性格也可以预测。拥有了自己的基因图谱之后，就可以像查字典一样，把出了问题的基因"逮住"，然后用最直接的方法使基因恢复正常，在生病时，也可以根据每个人的"基因特点"，选择对患者最为有效、副作用最小的药品。未来，"基因图谱"甚至还可以作为生活的"参考书"，通过调整生活方式让我们的生活和基因更和谐。

基因技术曾让国外媒体发出过"上帝已死"的评论，掌握了基因技术的人类，越来越可能"上帝"化。过程有4步。

第一步：改造现有物种

代表技术：转基因

人类对物种的改造历史悠久，但转基因技术的出现是一个革命性的变化。现在转基因不再是个冷门的词汇，更现实的情况是，它已经渗透到我们生活的方方面面。

转基因技术指的是从某种生物中提取所需要的基因，再将其转入另一种生物中，使其与另一种生物的基因进行重组，从而产生特定的具有变异遗传性状的物质。"比如大家熟知的水稻，每一种水稻品种都有弱点，通过杂交等手段产生的新品种，弱点依然会存在。但是使用转基因手段，可以定向改造水稻，培育出高产、优质、抗病毒、抗虫、抗除草剂等的作物新品种。这种方法是杂交等传统方式难以获得的。"杨焕明说。

第二步：生命复制

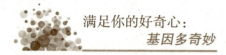
代表技术：克隆

1996年，一只名叫"多莉"的羊让世界瞩目。这只用乳腺细胞"克隆"出的羊改变了以往只能由胚胎细胞"复制"生物的情况，被美国《科学》杂志评为当年世界十大科技进步的第一项。此后，克隆技术在科学界也成为最前沿、最热门的领域。

克隆技术可以用于器官移植，造福人类，也可以改良物种，给畜牧业带来好处。现在，几乎所有的哺乳动物都可以被克隆，不仅是乳腺细胞，皮肤的表皮细胞也可以。一个解剖镜、一把切片小刀，一个技术人员一天可以做上两三百个拥有新核的克隆细胞。

哺乳动物中也包括人类。由于通常所说的克隆人在总体上违背了生命伦理原则，所以，科学家的主流意见是坚决反对的。

第三步：制造器官

代表技术：人工诱导干细胞

干细胞是一类未分化的、具有无限分裂能力的细胞。它具有发育的全能性，能分化出成体动物的所有组织和器官。干细胞的用途非常广泛，涉及到医学的多个领域。比如，以干细胞为"种子"，可以培育出人的组织器官。

以器官移植为例，供体的缺乏是一个世界性的难题，但是人工诱导干细胞可能改变这一状况。通过人工诱导干细胞来形成一些简单的组织和膀胱等简单的器官，在技术上已经实现。

第四步：创造生命

代表技术：合成生物学

美国私立科研机构克雷格·文特尔研究所的一个科学家小组曾在美国《科学》杂志上宣告世界上首例人造生命诞生。这个被命名为"辛西娅"的人造细胞,是完全由人工设计、化学合成的,并且可以正常生长,是地球上第一个由人类制造的能够自我复制的新物种。

从这个小细胞开始,人类扮演了"上帝"的角色,这个小细胞是合成生物学的一大步,标志着人类已经从阅读序列到创造序列,从解读基因组到重写基因组,完成了质的转变。生命的本质已经变成了序列的、数据的,"爹娘"成了计算机,生命也是可以设计的。

基因技术发展到今天,已经取得了令人惊讶的进展。基因技术正在改变我们的生活,那科幻小说及电影中充分描绘的一幕幕"悲喜剧"是否会真正实现呢?

喜的是器官移植将不再困难。在目前的器官移植上,供体缺乏的问题一直没有被解决。在提供可供人类移植的器官上,目前技术已经有多种。比如转基因技术,可以使猪的内脏器官被移植到人体身上,而不会受到人体免疫系统的排斥。通过人工诱导干细胞分化,将来也可能大量"产出"器官来。国外甚至已经成功完成了这样的实验,通过基因技术让老鼠长出两个心脏,将其中一个心脏组织去除后,结合转基因和克隆技术让老鼠长出如假包换的人的心脏来。目前这些"生产器官"的基因技术虽然离应用还有很长的距离,但是可以设想,一旦实现,供体器官将不再短缺,人们甚至有可能像逛超市一样选择自己需要的器官。

忧的是基因会否成为"天谴"。在基因技术发展的同时,人们对基因技术也"疑虑重重"。转基因食品会否隐藏着新的毒素?克隆技术会不会滥用于人

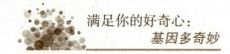
类……从人类历史上来看，每次科学的进步都为干坏事带来了方便，但我们并不能因此就拒绝进步。基因技术确实会带来一系列的问题，在基因技术的研究上，"人道"是始终需要被尊崇的。基因技术需要伦理来"鸣锣开道"和"保驾护航"。

第七章　我的命运谁做主？

一、人体"登月"计划

为什么我们有不同的肤色，不同的瞳孔？为什么有些人容易生病，有些人却一直健壮？为什么人与人之间会出现个体差异？又是什么决定了我们的生老病死？追本溯源，这些生命的奥秘都蕴藏在人类基因组这本天书当中。正如同著名的诺贝尔生理学与医学奖获得者杜伯克所说："人类的DNA序列是人类的真谛，这个世

图7-1 人类基因组计划

界上发生的一切事情都与这一序列息息相关，包括癌症在内的人类疾病的发生都与基因直接或间接有关……"

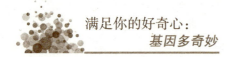

人类基因组计划是继曼哈顿原子计划、阿波罗登月计划之后的第三大科学计划，被誉为"达尔文以后意义最为重大的生物学发现"。它标志着人类探索生命奥秘的进程和生物技术的发展进入一个崭新的时期。

人类基因组计划(Human genome project, HGP)被称为"人体登月计划"，是由美国科学家于1985年率先提出，于1990年正式启动的。美国、英国、法国、日本和我国科学家共同参与了这一预算达30亿美元的人类基因组计划。这个计划要把人体内约10万个基因的密码全部解开，同时绘制出人类基因的图谱。换句话说，就是要揭开组成人体10万个基因的30亿个碱基对的秘密。什么是基因组(Genome)？基因组就是一个物种中所有基因的整体组成。人类基因组有两层意义：遗传信息和遗传物质。要揭开生命的奥秘，就需要从整体水平研究基因的存在，基因的结构与功能以及基因之间的相互关系。

为什么选择人类的基因组进行研究？因为人类是在"进化"历程上最高级的生物，对它的研究有助于认识自身、掌握生老病死规律、疾病的诊断和治疗、了解生命的起源。

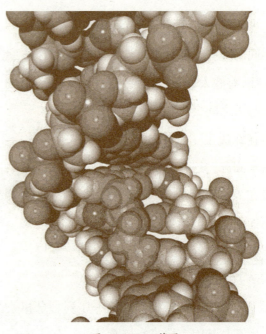

图 7-2 DNA 草图

测出人类基因组 DNA 的30亿个碱基对的序列，发现所有人类基因，找出它们在染色体上的位置，破译人类全部遗传信息。在人类基因组计划中，还包括对 5 种生物基因组的研究：大肠杆菌、酵母、线虫、果蝇和小鼠，它们也称之为人类的 5 种"模式生物"。

　　HGP 的目的是解码生命、了解生命的起源、了解生命体生长发育的规律、认识种属之间和个体之间存在差异的起因、认识疾病产生的机制以及长寿与衰老等生命现象、为疾病的诊治提供科学依据。

　　在人类基因组计划的最初阶段，有些科学家提出，只要找出新的碱基组成就行了，没有必要搞清楚所有碱基的序列，人类大约有 5 万到 10 万个基因(将近三万个基因，时误罢了)，只占所有 30 亿碱基中的一小部分，那么其余的碱基是无用的垃圾吗？当然不是，虽然他们的具体作用现在还不清楚，但他们绝对不是可有可无的，有些碱基起着调控作用，指导基因在何时何地发挥作用，我们人体每一个细胞的细胞核都包含全部的遗传信息，肝脏细胞中也有眼睛的基因，但肝脏上绝对不会长出眼睛，这是因为在肝脏细胞中，掌管眼睛的这个基因是关闭的，每个细胞中什么基因是开启的，什么基因是关闭的，就是由这些我们目前还不太清楚的碱基调控着。这些都有待于科学家去进一步研究。当人类绘制出完整的人类基因图谱，了解了所有基因的功能和相互作用，到那时，生老病死将不再是奥秘，这一切都在人的掌握之中。婴儿一出生就可以拿到他的基因图谱，这上面记载了这个孩子的一生，他将是高是矮，是胖是瘦，他具有哪些方面的才能，将来适合做工程师艺术家还是运动员，他有可能得什么病，这些都记录在图谱上，那时将会破译所有的生命奥秘。这是一项改变世界，影响到我们每一个人的

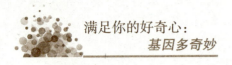

科学计划。

就在人类基因组计划不断取得振奋人心的成果的同时，社会、法律、伦理、国家安全等问题也随之而来，有一天我们每一个人都可以拿到自己的基因图谱，如果一个得知自己将来有得某种疾病的可能，这是否会给他带来沉重的心理负担？进而引起生理疾病，他的上司或保险公司知道了这一情况，会不会解雇他或不给他办理保险呢？会不会出现狮身人面这样的怪物？会不会大家都按同一标准去追求所谓基因完美的人，而抹杀了人类在种族、肤色、智商等方面的多样性？

首先，人类基因组的研究和它的应用，应该用于治疗和预防疾病，而不是用来比如说改良人种，或者说制造超人；第二，在人类基因组的研究和应用中，必须坚持贯彻知情同意和知情选择的原则；第三，我们强调，不管在研究还是应用过程中，我们要保护基因隐私，反对基因歧视；第四，我们认为在人类基因组研究和应用中，应该努力促进人类之间的平等。

二、解读生命的密码

20世纪的科学成就中，物理学最为辉煌，它为人类文明与科学进步贡献最大。对物质的原子结构的认识，使物理学进入鼎盛时期。原子弹的爆炸与人类走向太空，更使物理学登峰造极。最后，又以最简单的无机硅研制成的芯片，将人类带人了全新的信息时代。"不识庐山真面目，只缘身在此山中"。站在天空上，人类以前所未有的视角，重新审视我们的栖息地——地球。它与我们能看到的所有星球的主要区别之一，就是生物的存在。基因使地球郁郁葱葱，生机一片，它使我们对生命的奥秘与神奇充满新的遐想与好奇；也使我们对人类本身的了解提出新的质疑：人类已经成为地球的主宰，但人类却不完全了解自己。世界上仍有人不同程度的受各种疾病的折磨，我国就有11％的人患有高血压，4.2％的人不同程度的残疾，2.5％的人智力低下。曾肆虐一时的传染病，尽管已得到控制，可并没有像天花一样销声匿迹，相反在一些地方还存在着复出的可能。抗菌素类药物发明的步子越来越慢，而自然界抗药的病原微生物却在变多。

图 7-3 基因检测生命密码

肿瘤、心血管疾病等主要死因已成为人类驱除不掉的幽灵，人门谈"癌"

色变。肿瘤的阴影还没有散去，"老年痴呆症"等老年病又让希望长寿者望而却步。

艾滋病的出现与肆虐，使人类深感忧虑。从一战期间死于感冒的美国士兵身上分离得到的病毒又告诉我们：一不小心，它还可能要我们几百万人的生命，因为人类对这种致命的感冒病毒仍没有天生的免疫力。

应该说，人类与病原本来是互相依赖的，人类的所有疾病，都是人体对病原做出的必要的反应，病痛只是为了保护机体付出的代价，而疾病又是人类作为生物属性的一种自然选择。医学来到世界就是要使人类与自然（包括病毒）建立一种新的、使人类得病个体减少痛苦的关系。从医学诞生的那一天起，人类便展开了一种新的挑战——重新调整人类自身，包括数量与存活期。

20世纪中叶，特别是70年代，人类组织攻克肿瘤的尝试，建立了"基因病"的概念。"基因病"的第一层意思是"基因相关论"：所有的疾病都与人类的基因有关，都是人类基因组与病原基因组中的有关基因相互作用的结果。即使是非生物的病因如中毒和外伤，其机体的最初反应、病情的发展与组织再生都与基因有关。可以说，所有疾病都是"基因病"。

"基因病"的第二层意思是"基因修饰论"：迄今所有的药物方式都是通过基因起作用的，都是通过修饰基因的本身结构、改变基因的表达调控、影响基因产物的功能而起作用的。即使是非药物治疗手段，也都涉及基因活动的改变。如心理诱导可以改变激素的分泌方式与水平，而激素是基因表达的调节物。一般来说，人类的疾病并不死板地决定于基因的结构，绝大多数基因药物也没有改变基因的结构，而仅对基因做不同层次的修饰。

"基因病"的第三层意思,一是基因的外界因素调节性。一个人出生时,可以说基因程序都已编好,但这一程序的运行却可以在某一时间,因某一环境因子作用的不同而大相径庭。结构上相同的基因,其最后的效应不一定等同,说明基因的表达受外界因素的调节,如地理气候、食物、药物、生活方式、运动方式、心理等环境影响。二是基因的多态性。人与人之间本有不同,群体与群体之间也不相同。因此,人类基因组的多样性、个体特异性,决定了人对疾病或病原的易感性或抵抗力,也是人类能在不同的环境,特别是在剧变的环境下可以存活的保证。

　　"基因病"还有一个重要的意思是基因的复合性,即使是单基因的经典遗传病,它的最终发病也有很多其他基因参与,这一个体的这些基因恰好基本上是没有问题的。单基因病只是极端的例子,而多数疾病绝对不是一个基因引起的,而是很多基因相互作用的结果。要认识疾病,就一定要认识病因——致病基因。

　　"人类基因组计划"就是要了解我们的整个基因组,发现与了解我们所有的基因,搞清楚这些基因在基因组的什么位置——"基因定位";把每个基因都标在一张图上——"基因作图";把这些基因一个个拿出来,在试管里扩增放大再进行研究——"基因克隆";把基因组里所有基因的基本结构——DNA 序列都搞清楚,最终解读遗传密码,这就是"人类基因组计划"的目的。

　　"人类基因组计划"建立的人类基因组图,可以理解成"人体第二张解剖图"。人体解剖图曾告诉我们人体的构成,主要器官的位置、结构与功能,了解所有组织与细胞的特点,才有了今天的现代医学,而"人类基因组计划"绘成的"第二张人体解剖图"将成为疾病的预测、预防、诊断、治疗及个体医学

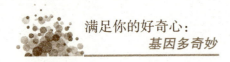

的参照,有了这么一张分子水平的"解剖图",人类又大大地上了一个台阶。

"人类基因组计划"为全人类呈上的当然不仅仅是一张图。

DNA 存在于地球上所有生物的所有细胞中,而人是最高级、最复杂、最重要的生物,如果把人的基因组搞清楚,再研究其他生物,就容易多了。"人类基因组计划"在研究人类过程中建立起来的策略、思想与技术,可以用于研究微生物、植物及其他动物,将奠定 21 世纪以至于第三个千年生命科学、基础医学与生物产业的基础。

图 7-4 人类基因组技术

"人类基因组计划"是人类自然科学史上最伟大的创举之一,是两个世纪交替时,人类历史上最重大的事件之一。它的规模可以与"曼哈顿"计划、"阿波罗"计划媲美,而它的意义远远超出了这两个计划。因为它们有的与全人类的和平、生存、发展相悖,有的也局限于当时"国际空间俱乐部"的成员。而"人类基因组计划"一开始便声明这是全世界各国科学家都有义务、有权利参与的全球性合作。它的目的,完全是为了全人类的发展,缩小发达国家与发展中国家在科学技术上的差异,保证全人类对人类基因组 DNA 序列的平等分享。

人类基因组属于全人类,谁来掌管我们的基因?怎样来照料我们的基因?怎样来研究我们的基因?怎样防止以基因知识来制造新的不平等——遗传歧视?怎样制止以基因差异而制造"种族选择性生物武器"? 等等,这都是生物工程研究必须十分重视的现实问题。

正像著名生物学家、诺贝尔奖获得者达尔贝科在"人类基因组计划""标书"里说的那样:"人类的 DNA 序列是人类的真谛,这个世界上发生的一切事情,都与这一序列息息相关。"

三、基因图谱:为个性化医疗创造条件

看病就医时, 只要向医生出示一张存有个人基因图谱信息的 "基因名片",就能享受到个性化的医疗服务。医生会根据你的个人基因图谱信息,分析确定你容易患哪些疾病, 并有针对性地开出最有效的药方。科学家们预测,随着科学技术的加速发展,解读自己身体的基因"密码",将不再是遥不

可及的梦。不久的将来，个人基因图谱将走向普通人，每个人都有可能像以上描述的一样"照谱看病"。

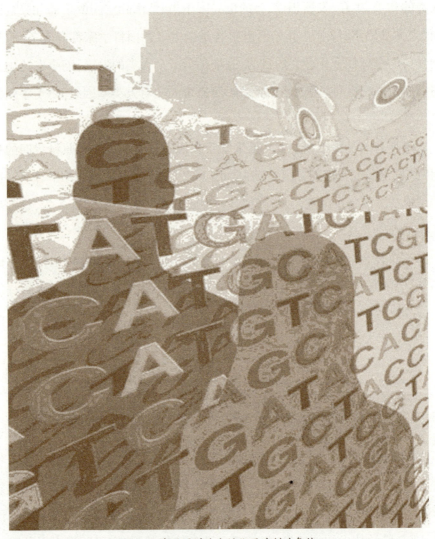

图7-5 基因图谱为个性化医疗创造条件

基因是我们每个人体内的奇妙信息，它们决定了每个人的外貌、性格倾向、能力、可能产生某种疾病的概率以及其他种种特征。深圳华大基因研究院发言人叶葭介绍说，任何人在基因水平上99%以上是一样的，只有小部分的基因组序列因人而异。

　　其实，只要解开这小部分有差别的基因密码，就能真正开启个性化医疗的时代——量身定制医疗方案，并实现真正的对症下药。因为科研人员们研究发现，在不同人的基因组的小部分差别中，有90%的部分是由单个核苷酸的变异引起DNA序列多态性所导致的。

　　了解这些差异能帮助我们了解人与人之间对疾病的易感性、对药物和环境因素的反应性的不同。通过绘制个人基因组图谱，并对每一个基因进行测定，人们将从中找到新的方法来治疗和预防多种疾病，并将关于人类生长、发育、衰老、遗传病变的很多秘密揭开。

　　利用个人基因组图谱，人类将有望彻底战胜其最大杀手——癌症。科学家认为，癌症形成的原因主要是由于正常细胞发生基因突变形成癌变细胞所致，每个癌变细胞都有一套完整的基因，过去人们只能检测和研究很小一部分基因。如果大规模绘制个人基因图谱成为可能，医生就可以通过比对癌变细胞与正常细胞的基因差异，进而发现基因的变异情况，从而找到治疗癌症的手段。

　　同样，个人基因组图谱对健康人群也有着十分重要的意义。有了个人基因图谱，我们不仅可以提早预知自己的健康风险，尽早采取措施把疾病消灭在萌芽状态，而且还可以改变不健康的生活习惯，从而延长寿命，获得健康。

　　由于基因研究将给人类健康带来前所未有的益处，各国对于基因研究

的前景颇为看好，对其关注度一直颇高。近年来，基因研究由基础向临床应用转变的趋势也显现出来。中、英、美 3 国的科学家们联合启动了"千人基因组计划"，将测定选自世界各地的至少 1000 个人类个体的全基因组 DNA 序列，绘制迄今为止最详尽的、最有医学应用价值的人类基因组遗传多态性图谱。

目前虽然基因测序技术和成本在大幅度降低，但绘制一套个人基因组图谱还是件工作量非常大、成本非常高的事。2007 年 5 月 31 日，诺贝尔奖获得者、被誉为"DNA 之父"的美国著名科学家詹姆斯·沃森成为世界首张个人版基因组图谱的拥有者，但其成本也高达 200 万美元。完成沃森 DNA 测序工作的美国 454 生命科学公司创始人和总裁乔纳森·罗思伯格表示，科研人员正在向着 1 万美元基因图谱前进，很快就会降到 1000 美元。

目前，深圳华大基因研究院绘制一例个人基因图谱需要 1000 万元人民币。"希望在不远的将来，随着测序成本的不断降低，工作速度的不断提高，我们每个人都能得到自己的基因组图谱，就像我们去医院作检查照 X 光一样简单。"

四、后基因组时代：基因芯片技术的应用

基因芯片（Gene Chip、DNA Chip 或 DNA Microarray）是指将大量核酸片段（寡核苷酸 RNA、cDNA、基因组 DNA）以预先设计的方式固定在载玻片、尼龙膜等载体上组成密集分子排列，通过与标记样品进行杂交，检测杂交信

号的强弱，进而判断样品中靶分子的数量及组成。该技术将大量的核酸分子同时固定在载体上，一次检测、分析大量的 DNA 或 RNA，解决了传统核酸印迹杂交检测目标分子数量少、自动化程度低、成本高、效率低等不足，而且，通过设计不同的探针阵列，利用杂交谱重建 DNA 序列，还可以实现杂交测序，在基因结构研究、基因表达研究、疾病诊断、发现新基因及药物筛选等领域，有着广泛的应用前景。

（一）基因结构的研究

基因芯片的思想是在基因测序的早期提出来的，主要是当时大家感觉到传统的森格尔（Sanger）法及马克希姆—吉尔伯特（Maxam-Gilbert）法测序速度不够快，不足以解决人类基因组的大量工作。因此，基因芯片早期主要是用来研究基因结构。适用于

图 7-6 基因芯片

这种目的的主要是寡核苷酸芯片。参照已知基因的序列，在载体上设计、合成成千上万种寡核苷酸探针，与用荧光或放射性核素标记的待测 DNA 样品进行杂交。如果两者完全匹配，则结合较为牢固，杂交信号较强；如果有单个或多个碱基错配，则信号较弱。高密度的寡核苷酸芯片可以用来对基因组进行测序。Chee 等采用固定有 136528 个寡核苷酸探针（25mer）的硅片，对长度为 16.6kb 的人线粒体基因组进行测序，测序精确度为 99%。最近，Winzeler 利用高密度寡核苷酸芯片研究了酵母的基因组成分。利用与已知序列 S. cerevisiae 株互补的寡核苷酸芯片，分析于临床分离得到的一种 S. cerevisiae

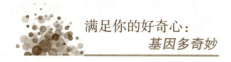
的基因成分,发现两种酵母株基因组结构差异主要表现在端粒区域。寡核苷酸芯片也可以用来检测基因的点突变,从而对疾病进行基因诊断。阿伦特(Ahrendt)等用双脱氧核糖核酸测序方法及基因芯片检测了 100 例肺癌病人中基因的突变情况。研究发现,与直接测序方法相比,芯片检测突变点的数目更多、速度更快,准确性更高(假阳性 <2%)。此外,哈慈(Hacia)等采用含96000 个寡核苷酸探针的芯片,检测了乳腺癌和卵巢癌基因 BRCALl 外显子上的 24 个杂合突变;格罗尼(Cronin)等用固定化的 428 个探针对导致肺部囊性纤维化的突变基因进行了检测,都得到较好的结果。目前,已有检测诸如 HIV 基因、乳腺癌、囊性纤维病等相关的基因芯片产品问世。

高密度寡核苷酸的另一个重要用途,就是筛查基因组的多态性(SNP),尤其是单核苷酸多态性。这不仅是因为多态性标记有助于基因的鉴定和定位,还可以探索核酸变异对外界刺激反应的敏感性,为疾病的预防、个体化治疗提供遗传学基础。

(二)基因表达的研究

基因表达分析直接涉及基因的功能,目前已成为基因芯片研究的热点。在人类基因组中只有大约 5%的序列表达,通过直接测序等手段来了解功能基因相

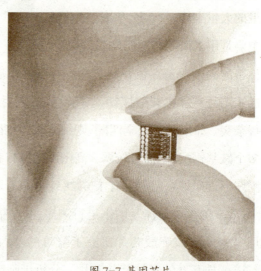

图 7-7 基因芯片

当费时、费力,而应用基因芯片来检测基因表达水平,一次实验就可以分析成千上万种基因的表达状况,大大提高了基因表达研究的效率,从而可以研究表达技术无法解决的一些生命科学问题。

基因芯片用于基因表达检测,最初是在滤膜上进行的。将cDNA固定在膜上,用放射性核素标记的靶核酸与之杂交。德·尔马纳茨(Drmanac)等将PCR扩增的31104个克隆,用机器人点到膜上制成基因芯片进行基因表达研究。将DNA点到玻璃上,以荧光标记的cDNA杂交技术取代以膜为基础的杂交技术是基因芯片一大进步,目前已成为基因芯片检测基因表达的一种主要形式。生物体组织内基因表达的变化可能是由生理、病理,甚至环境因素引起的,这些变化可以用DNA或寡核苷酸芯片进行检测。此外,利用基因芯片研究了睡眠及清醒时小鼠大脑皮层、酵母不同的细胞周期,以及P53野生型ML—1人脊髓细胞系辐照前后基因表达水平的变化。

化合物的毒性总会直接或间接地影响基因的表达,基因芯片为毒性化合物确证及毒理研究提供了一种新的手段。利用基因芯片得到已知毒物与待测毒物作用后的基因表达谱(信号),比较两者的表达谱,就有可能得到待测化合物的毒性线索及作用机制。因此,利用基因芯片可以评价细胞、模型动物及人体组织对天然及合成化合物的毒性反应,加快临床药物的开发进程。美国国家环境卫生科学研究所(NIEHS)已经开发出用来检测化合物毒性的芯片——Tox Chip,包含1200种人类基因。目前,正在开发包含12000种基因、用于毒理研究的新型芯片。

总之,目前基因芯片广泛用于DNA多态性检测及基因表达分析,成为

了解基因功能的重要手段，已有包含 30000 个人类基因的 Incyte 芯片、40000 个人类基因的 Affymetrix 芯片用于基因表达研究。随着人类、小鼠、大鼠等模式生物基因组，以及人类基因组测序的完成，很快就会有相应的检测整个基因表达水平的芯片产品问世。可以预见，在不远的将来，随着人类基因组计划的完成及更为经济的芯片和分析仪器的出现，基因芯片将在人类认识世界、认识自我的科学探索中发挥更为重要的作用。

五、人真的能长生不老？

人类都有长生不老的理想。从古到今，有太多的人为长生不老而努力，那么我们人类离长生不老到底还有多远呢？

常识告诉我们，人类都无法逃避最终死亡的命运。但是，人们总是不愿意面对这一黑暗的真相，他们更愿意相信神话中长生不老的说法。普通人似乎更倾向于对所谓"青春之泉"的追求，在科学和医学领域都有人在不断探索。

（一）科学

科学家们也在致力于研究许多化合物的特性以寻找延长生命的要素，如白藜芦醇(葡萄中发现的一种物质)、雷帕霉素(提取于复活节岛上一种细菌)和由 P21 基因组成的蛋白质。这些蛋白质能够在细胞中抑制其他蛋白质形成淀粉斑，而这种物质与阿尔茨海默症有关而且可能会促进癌症的发病。据报道，2000 年塞内克斯生物科技公司正在研制某种药物，这种药物可以实现某种程度上的抑制作用。研究人员还继续对一种名为端粒酶的酶进行深入分析，这种酶可以减慢端粒的萎缩进程。端粒是一种 DNA 序列，会在细胞分裂过程中逐步变短直到细胞最终变异或死亡。2009 年的诺贝尔医学奖授予了端粒和端粒酶工作原理的发现者伊丽莎白·布莱克本等 3 人。近期的研究发现也验证了端粒酶的功能。《自然》杂志于 2010 年 11 月公开的一项研究中，老鼠被抽取端粒酶后再被植入，这一过程发生了奇迹般的返老还童现象。从技术上讲，数年前人们就可以通过各种方式提高体内端粒酶的水平，但这种技术至今未得到临床评估。同时，两种在人类身上试验的化合物已投入使用。这两种化合物分别是 SIRT1 和 STACs，是两种合成催化剂，它们可以模拟热量限制效应。在多个物种身上进行的试验表明，这种效应可以放慢新陈代谢速度，缓解老化进程。据美国哈佛医学院病理学家大卫·辛克莱尔介绍，进行试验的物种包括酵母、灵长类动物等。

不过，美国伊利诺斯大学公共卫生学院流行病学教授杰伊·奥尔沙恩斯基则认为，克服老化问题并不能仅仅通过一种药物实现。奥尔沙恩斯基表示，"白藜芦醇、端粒酶和 P21 基因，在很大程度上只是流于表面。在过去 10 年中，没有任何药物能够干涉并缓解人类衰老问题。"奥尔沙恩斯基坚持相信，百岁以上的老人的基因有一个特别的功能，那就是可以减缓老化进程。"新英格兰百岁老人研究"是全球最大型的专门研究高龄老人的计划，该项目目前正在对大约 1600 名百岁老人及数百名他们的子女进行跟踪研究。奥尔沙恩斯基并没有参与到该项研究中，但他认为，"这项研究之所以如此令人兴奋，是因为我们还没有在许多物种上看到结果，我们期待能够看到人体也能够像老鼠那样出现缓解衰老现象，从而实现巨大的理论飞跃。关于长寿

的秘密似乎正在向我们走来。"

科学家们认为，最终"青春之泉"可能不是通过化学或生物方法实现的，而是通过技术手段实现的。未来主义者雷·库尔兹维尔曾经预言，纳米科技可能是实现生长不老的手段之一。基于纳米技术的微型机器人可以深入到我们人体内部修复受损的器官和组织，从而延长患者的生命。有少数科学家认为，人类未来可能可以透过科技（例如人体冷冻技术、基因改造、基因修复、纳米医疗科技、人工器官移植及其它医疗和生物科学技术），达到长生不老。还有人以杀死个体细胞延缓衰老来尝试"长生不老"。有人认为克隆可以达到延长生命的目的，事实上，克隆只是个体拆分，并不能达到目的。

现代科学的主要观点集中于服用新陈代谢药物手术更换老化细胞，胚胎干细胞的使用，如何延长细胞端粒，保存精神分子之类的争论。

总之，目前还是没有一项让绝大多数人认同并行之有效的"长生不老"方法。但是，基因科学绝对是解开人类"长生不老"之谜，为人类打开"青春永葆"之门的一把钥匙。

（二）历史

无论是秦始皇还是汉武帝，都渴望能长生不老。他们吃了许多丹药、"仙桃"，还做过很多诡异的法事，但都难以如愿。富贵人家靠积德行善希望能够得道成仙，而平民更多追寻宗教和灵魂的得罪。甚至还有一些丧心病狂的人企图通过吃人类的脑髓来延长生命。

埃及法老甚至贡献出自己的尸体做木乃伊，肉体不死，灵魂总有一天会回来。上古战场的战士也经常被骗。他们的长官骗他们说死在战场才能上天堂获得永生，不然就只能下地狱，于是战士们就拼死作战，希望自己能够上天堂获得永生。

日本人认为比丘尼吃人鱼肉是长生不老的方式。但是另一部分日本人不屑于此，他们认为死亡是正常的，所以更加珍惜生命，"人生得意须尽欢，劝君莫惜少年时"。但是这种及时行乐、不惧死亡的观点也导致日本人更加爱好杀戮和淫乱。

总之，在人类历史上追求长生不老、青春永葆的人数不胜数，但迄今为止没有人真正成功。

（三）为什么可以长生？

要探讨该问题，我们得先从人为什么可以活着说起。

我们可以活着，是因为我们拥有年轻健康的身体组织，而这个年轻健康的身体组织正是人可以活下去的原因。

年轻健康的人体组织可以产生生命，可以确保人活着，这是不容置疑的（我们可以活着正是因为我们年轻且健康，只要我们健康年轻，我们就敢断言，我们就能够活下去）。若我们能够保证一个人永远年轻健康，便可以实现这个人长生。而事实上，要保证一个人永远年轻健康是不是有可能呢？

从理论上讲："这是完全有可能的！"

我们人跟其它物体一样，是一大堆原子。这堆原子通过特殊的连接跟排列构成了人体。而正是原子的这种特殊的连接跟排列，加上其功能运动就产生了生命。人的生、老、病、死为这些原子之间的连接跟排列被破坏所致，并非原子的种类跟性质发生改变引起。原子只要种类不发生改变，其能够与其它原子作出连接跟排列的能力就会一直存在，即使破坏了原子之间的连接跟排列，只要原子的种类不发生改变，我们完全可以实现它们的连接跟排列

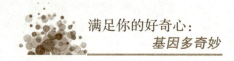
恢复。例如:水分子可以电解生成氢原子跟氧原子,氢原子又可以跟氧原子结合生成水分子。我们身体中的原子既然能够排列出我们年轻时的身体,只要这堆原子的种类不发生改变,不论时间发展到何时,它们具备排列出我们年轻时的身体组织的能力就一直存在,而这个存在,正是我们可以确保人永远年轻的理论基础,是人可以长生的保障。正是因为有这个理论基础的存在,所以才会有人一定能够实现自身的不死。

从理论上讲,人可以不死,追求长生不死不是逆理而行的荒谬之事。

长生是成立的,但不是因为长生成立,便什么样的长生理论便都是真理,长生的成立不是一件很简单的事情,世间有很多长生理论,这些理论很荒谬,特别是一些邪教组织的歪理邪说,让许多希望不死的人们深受其害。若人们要想找到真正的长生理论,就得相信科学,因为只有科学理论、科学思想,才能够为人指点迷津!

(四)正确认识长生

1.长生是对是错

人的长生是对还是错? 搞清楚这道问题,对于判断我们人类可不可以去实现自身的长生是非常关键的,如果人的长生只是一种错误,那么,我们再去追求长生就显得非常的不应该了,只有长生对我们人类有益处,我们才有必要去追求、实践长生。所以,在我们还未作出是否去实践长生这个决定之前,得先搞清楚人的长生到底是对还是错,然后再在搞清楚了人的长生是对还是错的基础之上,作出正确的选择。

人的长生到底是对还是错呢?

欲搞清楚这道问题,我们只需要弄明白人有没有死亡的必然,便可以从中获取答案。因为,如果人有死亡的必然,那么,人就必需得死,人们选择长生就是在违背"人必需得死亡"这个必然,就是在跟死亡作对,就是在进行一种错误。只有人没有死亡的必然,人们才可以不必去死,才可以继续活下去,才可以去追求长生、实践长生。

2. 人有没有死亡的必然呢?

人没有死亡的必然,并且人也没有活着的必然,人的生或死没有什么可不可以的!一个人死了又能怎么样?世界不会因为一个人的死而不能运转;一个人久久地活着也没有什么不可以,世界不会因为一个人久久地活着而烦躁不安。

人是组成人类的一分子,人类是世界的漫长演变过程中一件产物,在人类诞生之前的很长一段时间里,世界上并没有人类的存在,世界在没有人类存在的情况下,依然能够正常发展至今,这说明人类对于世界而言,是可有可无的。的确,人类可以主宰这个世界,因为人类是智慧的载体,人类可以利用智慧来维持世界永恒发展,人类也可以利用智慧去加速世界灭亡。然而,人类维持了世界永恒发展又怎么样?加速了世界灭亡又能怎么样?世界又没有对自己的发展方向作出明确的规定,它必需永恒发展下去或必需走向灭亡。世界为什么要诞生那是没有理由的,世界的诞生,只是世界诞生的条件已经具备;世界的灭亡也一样,不需要任何理由,只要世界灭亡的条件具备,世界就会灭亡。

人必然得死只有在人类社会中才会有这样的事出现。例如:一些犯罪

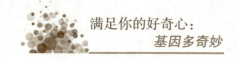

分子必需得处死,尽管这些人仍然具有继续活下去的能力,但这并不能改变他们必需得被处死的命运。然而,人在人类社会中具有的这种死亡的必然是不能作为人必需得死的客观判断标准的,因为人类社会是建立在人类的基础之上,人类都是可有可无的,人类社会哪还有决定人必需得死这样大的权利?

人没有生与死的必然不仅理论上是这样,而且,事实也是如此的:在具有"继续活下去的能力"的条件下,人们可以不需要任何理由地选择活下去,也可以通过自杀想什么时候死就什么时候死。理论说明,人没有生与死的必然。人没有生与死的必然,选择生与死的权力掌握在人们自己手中,人们可以随心所欲地选择一直活下去或是马上去死,即人们可以随心所欲地选择长生或不长生,所以,人的长生没有什么对与错之分,人们可以随心所欲地选择长生或不长生。

(五)美好的长生

人的长生没有对与错之分,人们完全可以凭着自己的主观意愿去追求长生,实践长生。然而,长生的诞生会给人类带来什么样的后果呢?如果长生给人类带来的是幸福、美好的生活还好,要是长生给人类带来的是毁灭之灾,那么,人们去追求长生岂不等于自掘坟墓?

1. 到底长生的诞生给人类带来灾难还是福音呢?

长生不会给人类带来灾难,长生对人类只益无害。曾经有很多的人担心,长生的出现会泛滥于人口问题。的确,如果人只生不死,必然会导致人口问题产生,但是请人们想一想,如果人们自身都长生不死了,还用得着再去采用传宗接代的方式来实现人类的延续么？用不着采用传宗接代也就等于用不着生儿育女,用不着生儿育女,人类就可以不再进行生殖,人类不再进行生殖,自然就没有了人口问题,所以,只需在实现人长生的过程中,把人的生殖能力去除,人口问题自然就可以解决了。但是,一些人还有另外一种担心,人类的长生,意味着这朝人永远只能是这一朝人,人的不改变,社会就不能进步和发展。这种担心是一种不必要的担心,社会的发展与否并不是决定于一朝人的新与旧,而是客观地取决于人们的思想观念是因循守久,还是善于革新进取,长生人比现实生活中的人更聪明、更明辨是非,所以当长生时代到来之时,世界只会以更快的速度发展。

2. 长生能够为我们人类带来什么样的益处呢?

对于我们人而言,最值得叹息的应该是我们生命的短暂,命短的不说,命长的也不过那么一百多岁。时光如流水,一去不复返,每当我们在镜子前边看到自己的头发变白,额头布满皱纹时,才能感觉到时间过得真快,生命是多么的短暂啊! 难怪会有人发出"人生一世,如驹过隙"的感叹! 生命的短暂使人想起了长生,因为长生是一台制造时间的机器,有了它,就可以减少多少人们在年华上的叹息,尽情去干自己的想干的事情呢! 有了它,就可以挽救多少伟人的生命,让人类的历史更多一份辉煌;有了它,我们就可以爽快地说,我们可以看到人类将怎样发展,世界将怎样变化了。

人能够长生固然是件难得的事情。然而,单一的能够长生却并不是那么的令人倾心。人只能够不死,却在不断地老化,人老了,吃不得、动不得,真可以说是在活受罪,生活还得有人来料理、服侍,这样的长生又有什么美好可

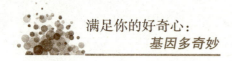
言呢？它的出现不仅不能给人类带来益处，反而给社会增添了不少负担。如果长生只是单一的能够久久地活着，那么长生在人们心目中必将失去其神秘色彩。还好，人的长生不仅仅是单一的能够久久地不死，要想实现人的长生，首要的条件是必需保证人能够不老，长生从一个角度讲是因为人可以不老而成立，长生因为其可以确保人的不老而变得让人梦寐以求。

古人云："金无足赤，人无完人。"每个人都或多或少地有着自己的缺陷，一个嗓音很好的歌唱家，偏偏样子很难看；一个在身材上占很大优势的高个子球员，遗憾的是动作不怎么敏捷；一个貌似天仙的女子想去应聘迎宾小姐，却因为自己的身材矮小而遭人冷眼；一个有钱的男人没有追求到自己心爱的女人时，发出了叹息，为什么自己不长帅一点来讨女人喜欢呢！当自己怎么努力也考不上清华北大时，你才肯承认，人的智商的确有高有低。

缺陷是一个人资质好坏的决定因素，缺陷少的人资质好，缺陷多的人资质差。而人的资质又是决定一个人生活得好与坏的重要决定因素，对于一个资质好的人来说，活着是在进行一种享受，活着可以给他带来无穷幸福和乐趣，而对于一个资质差的人来说，活着是在进行一种痛苦，特别是那些可以说没有一点优点的人，活着简直是在受罪，活着还不如去死，至少死了之后不会受到痛苦的折磨，真所谓"与其痛苦的活着，还不如安静地离去"。因而，长生对于一个资质好的人来讲，求之不得，而对于一个资质差的人来说，也不怎么令他稀罕。长生若不能解决人类的资质问题，它将会失去很大一部分人对它的崇拜。还好，长生是一家人们可以借以完善自我的加工厂，人们可以通过这家加工厂实现自己想有多帅,就有多帅,资质能有多好,自己的资质就有多好。所以,凡是长生了的人,不论他以前的资质有多差,今后将一律不再有资质方面的自卑和烦恼。该结论的得出,使得更多的人因此而更加崇拜长生。

人的能力是弱小的。人不能在没有氧气的环境中生存;人不能长时间不吃东西;人经不起猛烈碰撞;人奔跑的速度和耐力还不及一匹马;人的计算能力怎么也比不过电脑……想想看,世界的发展靠人类来推进,如果人自身的能力都有限,想必世界的发展一定会因此受到阻碍,世界的发展受到阻碍其产生的后果是严重的:我们人类有可能会因这种阻碍而被其他星球上的智慧生命所取代;我们人类也可能会因为这种阻碍而毁灭于一次本来可以解决的灭顶之灾;这种阻碍也有可能导致这个世界因为人类的发展跟不上而走向灭亡。

3. 我们的能力是否可以通过改造而取得进步呢?

可以,因为在长生加工厂中,还有一个人体功能的改造车间,人们可以通过这个改造车间把自己改造成能力非凡的超人,为人类的进步,世界的发展创造捷径。

生活是一把套人的枷锁,为了生活,人们四处奔波,四处奔波又为了生活,我们人几乎都重复在了生活的圈子上,把生命浪费在生活的圈子当中,只是为了生活得好一点,才把圈子走大一点! 人们无法摆脱生活的约束,因为人们是普通的肉体人。

长生还是一把可以打开生活枷锁的钥匙,长生可以把人改造成不需吃

饭、不需睡觉的长生人，让人们摆脱生活的约束，从此做一个无拘无束自由人。长生可以让人摆脱生活的约束让人们难以相信吧！不管你相不相信，长生技术诞生之后，一定会有这些东西的诞生。更出乎人们意料的是——人长生之后可以想干什么就干什么！奇怪吧！长生的诞生还有很多人们难以理解的东西，好了，关于长生给人类带来的好处就介绍到这里了。总之，长生是美好的！长生技术的诞生一定会引发世界发生翻天覆地的变化，长生将会带动世界飞速前进，为人类带来更美好的明天。

趣味链接：用心情管理我们的基因

（一）用心情管理我们的基因

2011 年，美国《科学》杂志发表了一篇文章——Happy People Live Longer（快乐使人长寿）。文中，社会心理学家布鲁诺·S·福瑞等用多重方法证明了这一看来像个常识性观点的科学性。综合数据表明，快乐的人比不快乐的人寿命长 14%。这项研究让我想起了多年来一直纠缠在我脑海里的一个想法，意识与物质在人体内究竟如何相互影响？也就是我们能否用心情干预我们的基因。

很多人曾经对基因研究带来的可怕后果深感忧虑。他们担心的问题包括，基因研究将把人生变得非常透明，让人失去对充满未知的未来的抗争魅力。比如,在一个孩子 10 岁的时候,如果有科学家告诉他很可能在 20 岁时罹患与某某基因相关的疾病,那他的生活还有什么幸福可言?还有的人担心基因将导致的人生不平等。最近的科学研究也似乎印证了这一猜想。美国佛罗里达州立大学的研究人员对 2500 名男孩和女孩的 MAOA 基因和他们的行为方式进行了调查分析,结果发现 MAOA 基因发生变异会增加男孩的暴力倾向,但对女孩不会产生影响。在科学家的研究中,缺乏 MAOA 基因的 57 名男女表现出一系列神经特征,这些特征显然会削弱一个人控制感情的能力,这就是所谓的天生的"捣蛋鬼"。这些研究似乎在说明,人的很多情感、情绪问题,都与基因有着密切的关系。但问题是,我们能否通过后天的精神努力改变这些基因的表达,也就是通过情感活动控制物质呢?

我国古代医学就有"怒伤肝、喜伤心、思伤脾、忧伤肺、恐伤肾"的看法。"怒"是一种精神活动,它是如何伤到肝脏的呢?是产生了有毒的物质么?如果是,那就说明我们可以用精神活动控制物质合成或分解,似乎一下子解决了很多问题。佛教里有一句话:放下屠刀,立地成佛。如果这个人生来具有暴力倾向的基因,能否通过后天的精神修炼来改变自己的行为?如果能,那就是我们能用精神控制"暴力"物质的合成或不合成,控制基因的表达或不表达。

再比如,抑郁症是由于大脑机能失衡阻碍了身体的正常运作,很多研究认为,抑郁病的发病是无法避免的遗传结果——遗传了某些基因的人,注定会在其生命中的某些时刻出现一段忧郁期。但是,其实抑郁症是由生理、心理和社会因素共同作用的结果。遗传基因可能为抑郁症的发生提供了潜在

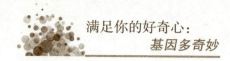

倾向，但后天的环境、心情则会刺激基因的物质成分，从而在神经化学方面做出反应。这样看来，心情、环境对物质的人体具有巨大的反作用性。我们既可以通过改变心情和环境抑制不良基因的表达，又可以通过同样的方式作为表达了不良基因的治疗。

休斯敦著名的心理学家斯图亚特·特维罗夫说："暴力是一个错综复杂的问题。暴力行为总是有各种前提，而且永远都不会是一个原因造成的。"这样看来，人们完全可以通过环境、教育、关爱等后天努力，消除诱发不良基因表达的因素，从而控制恶劣物质的产生。所以欧美国家近年来已经逐渐在中小学开设"社交与情绪学习"课程，通过控制情感，提高学生交往能力，把学校变得友好，这既是目标，也是手段。

这些理论对身体健康和快乐也同样适用，比如，我们既会感受到内啡肽的分泌给人带来的愉悦，也会看到由于我们运动而增加了脑内啡肽的分泌。我们通过改变自己行动从而激活基因表达，产生的物质改变了心情。当我们认识到这一点时，我们就会明白：教育、环境、生活方式对人身心的陶冶作用，其实是一个用精神控制物质，用心理控制生理，用后天努力改变先天基因表达的过程。当受精卵形成的那一刻，我们就无法改变自己的基因图谱了，但是我们可以不断调整自己对事物的态度，对生活的态度，选择良好的心情，营造优美的环境或尝试健康的生活方式，用健康的心情看待发生在身边的变化，打造内心的宁静和平和，用幸福的心情修炼健康的身体。

在市场经济时代，当我们都在抱怨我们的幸福感不强时，为何不想想我们该如何增加幸福感呢? 在抱怨声中可能激活了我们的不良基因,影响我们的心情和身体健康,而在感恩之中却抑制了不良的基因表达,带来的是幸福人生。充满感激之心,经常奉献爱心,用积极的心态看待发生在自己身上的不如意,而不是被物欲左右自己的心情,被数字搞坏自己的心态。把成功作为幸福的手段,也许我们会更幸福、更健康、更长寿一些。

林肯曾有一句名言:"40岁以上的人,要对自己的脸负责。"这句话可以理解为,在一个人的前半生,他的容貌主要取决于来自父母的遗传,但人可以通过自己的后天努力,改变自己的容貌。相由心生,脸孔可以说是一个人综合的象征,它虽然无法像橡皮泥那样随便改变,但是,它的确是天天因自己的所思所为而在改变。当我们不能改变自己的基因时,我们可以通过改变看待事物的态度,营造积极心态,在一定程度上管理好我们的基因,同样走出健康人生。

(二)我们为什么衰老,如何衰老?

衰老是一个极为复杂的过程。通常的感觉告诉我们,细胞内基因和遗传机制起了重要作用,同时生活方式与环境也起了重要的作用。瑞典几百对孪生子研究表明,基因对衰老的作用占1/3,生活方式的作用占2/3。

关于衰老的事实(和理论)可以被归结为两大主要范畴:第一,体内的生物程序钟理论;第二,增龄造成的损耗与毁坏作用。

1. 死亡钟

我们都了解自己的机体和着生物节奏有规律地控制着主要的功能。例如,松果体的节律、循环而至的月经和绝经的开始。确实,妇女的绝经时间常

与她们的母亲相似。从激素和其他生化研究中，我们发现随着年龄增长体内明确的节奏性消失。实验表明，严重干扰动物的生物节奏可以减短其寿命。不管生物钟是否同步，由于年龄增长所致的基因表达变化所致的机体衰老作用仍有待于探讨。我们确实已知机体生物钟位于下丘脑，从大脑的中央部位发出和调控我们的机体节律(也称之为生理节奏)。

2. 生物钟与程序性衰老

40年前认为培养生长在实验室里的人结缔组织细胞(称为成纤维细胞)仅能生存繁衍40～50代。当这样的细胞被终止复制、被冷冻、保存，之后再被复苏，细胞仍"记得"它们以前分裂过多少代。另外，从成年人身上获得的细胞比从胚胎组织上取得的细胞分裂复制的代数要少。从遗传性早老综合征患者身上获得的成纤维细胞，其生长能力明显低下。从这些观察得出的结论是，我们的基因中存在着一个编码程序，至少在细胞培养的情况下。

在加州拉若拉(Lajolla)的斯克瑞博(Scripps)研究所中，令人激动的研究集中在分析来自青年、中老和老年，以及来自患有早老综合征个体的体外培养细胞的6000多个基因。研究者们确实发现了61个基因比其他基因更多地参与了衰老过程。他们进一步发现其中一小部分同类基因有控制细胞分裂、特别是染色体复制与分离(称为有丝分裂，见第三章)的功能。这些研究结果令人感兴趣，因为与有丝分裂相关的基因缺陷可以造成染色体的不稳定，而后者与肿瘤和衰老发生相关。随着增龄会发生染色体异常率增加这一事实已知有40多年了。加利福尼亚的研究者指出，衰老主要是一种疾病，这种疾病是由于细胞分裂时,某些重要时点处理不当所造成的。

3. 染色体的两端

另一个细胞衰老的标志是基于染色体结构的, 即 DNA 两端封闭性结构。每一条染色体的末端上是端粒——由上百个重复的 6 个碱基组合而成, 简称为 TTAGGG(关于这些碱基的详情,请参考第六章)。随着每一次细胞的复制,大约有 50~200 个碱基对脱落,导致端粒逐渐缩短,直到端粒完全不存在,细胞分裂停止。端粒缩短见于老年人成纤维细胞和白细胞(淋巴细胞),这进一步表明这一细胞现象与衰老过程有关。但是,这一过程也可能与那些不进行分裂细胞的衰老毫不相干——如成年人的脑细胞。

4. 细胞自杀

程序性细胞死亡或凋亡是由细胞内 DNA 或其他损伤而启动的。这一过程在两方面起着十分重要的作用, 即早期发育中对细胞数量的控制和以后生命过程中对损伤和异常细胞的清除。

正常凋亡的过程旨在清除有缺陷的、有损伤的、癌变的细胞,使它们不致影响组织功能。无论如何,衰老过程会影响凋亡。例如,凋亡的减低和肿瘤发展相关,使得肿瘤细胞对化疗不敏感。相反,凋亡的增加与肿瘤抑制有关。在阿尔茨海默病、帕金森病及亨廷顿氏病中,受侵犯的脑部位细胞程序性死亡增加, 在其他情况下的证据也支持上述观察——凋亡过程障碍会使得毒性蛋白片段聚集而造成脑细胞的损伤。去除损伤淋巴细胞的凋亡过程障碍, 也被认为与随着增龄而发生的自身免疫性疾病有关(如风湿性关节炎)。

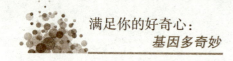
　　如既往注意到的，限制热量可以减低大、小鼠肿瘤的发病率。研究认为，这一现象是由于增加了癌变细胞的凋亡。在热量受到限制的动物身上，凋亡作用确实有所增强。同样的机理也适用于解释限制热量使动物寿命延长。

主要参考文献

[1]《基因多奇妙》编写组编,基因多奇妙,世界图书出版公司,2010 年 3 月 1 日出版